ARITMÉTICA BÁSICA Y ÁLGEBRA ELEMENTAL

ARITMÉTICA BÁSICA Y ÁLGEBRA ELEMENTAL

Luis Ocádiz López

Número de Control de la Biblioteca del Congreso de EE. UU.: 2014902369

ISBN:	Tapa Dura	978-1-4633-7848-6
	Tapa Blanda	978-1-4633-7847-9
	Libro Electrónico	978-1-4633-7846-2

Este libro fue impreso en los Estados Unidos de América.

Fecha de revisión: 15/12/2014

Para realizar pedidos de este libro, contacte con:
Palibrio
1663 Liberty Drive
Suite 200
Bloomington, IN 47403
Gratis desde EE. UU. al 877.407.5847
Gratis desde México al 01.800.288.2243
Gratis desde España al 900.866.949
Desde otro país al +1.812.671.9757
Fax: 01.812.355.1576
ventas@palibrio.com
526112

ÍNDICE

ARITMÉTICA BÁSICA 9

CAPITULO 1. NUMEROS ENTEROS 11
CAPITULO 2. OPERACIONES COMBINADAS 24
CAPITULO 3. TEOREMAS DE LAS CUATRO OPERACIONES 33
CAPITULO 4. POTENCIAS DE LOS NÚMEROS 45
CAPITULO 5. IGUALDADES 51
CAPITULO 6. DIVISIBILIDAD 63
CAPITULO 7. NUMEROS PRIMOS 70
CAPITULO 8. MAXIMO COMUN DIVISOR DE VARIOS NUMEROS 75
CAPITULO 9. MINIMO COMUN MULTIPLO DE VARIOS NUMEROS 78
CAPITULO 10. FRACCIONES 81
CAPITULO 11. NUMEROS DECIMALES 102
CAPITULO 12. FRACCIONES PERIODICAS 111
CAPITULO 13. CANTIDADES 115

ÁLGEBRA ELEMENTAL 123

CAPITULO 14. PRELIMINARES 125
CAPITULO 15. OPERACIONES CON LOS NUMEROS ALGEBRAICOS 128
CAPITULO 16. EXPRESIONES ALGEBRAICAS 142
CAPITULO 17. OPERACIONES CON LAS EXPRESIONES ALGEBRAICAS 149
CAPITULO 18. EXPONENTES NEGATIVOS 162
CAPITULO 19. CONVERSION DE UN POLINOMIO EN UN PRODUCTO DE DOS O MAS FACTORES 164
CAPITULO 20. FRACCIONES ALGEBRAICAS 167
CAPITULO 21. ECUACIONES DE PRIMER GRADO 177

CAPITULO 22. ECUACIONES DE PRIMER GRADO
CON DOS INCOGNITAS 186
CAPITULO 23. ECUACIONES SIMULTANEAS 190
CAPITULO 24. RADICALES 195
CAPITULO 25. ECUACIONES DE SECUNDO GRADO
CON UNA INCOGNITA 213
CAPITULO 26. LOGARITMOS 221
CAPITULO 27. LOGARITMOS DECIMALES 225
CAPITULO 28. LOGARITMOS NEPERIANOS 236
CAPITULO 29. APLICACIONES ESPECIALES DE
LOS LOGARITMOS 244
CAPITULO 30. PROGRESIONES 248

AGRADECIMIENTO Y DEDICATORIA

No existe receta más deliciosa que aquella que sacia el alma.

"La gracia del Señor es todo lo que necesito". Mi eterno agradecimiento a Dios por permitirme realizar este proyecto, así como por el talento que otorgó al autor de esta obra, cuyo principal anhelo fue el de dotar a los estudiosos de esta materia de una herramienta que les permita el aprendizaje de la misma.

ADVERTENCIA IMPORTANTE

Los conocimientos comprendidos en los 13 primeros capítulos que corresponden a la ARITMETICA BASICA de este libro, son los conocimientos mínimos necesarios, pero fundamentales, para abordar el estudio del ALGEBRA ELEMENTAL.

Además, tienen constante aplicación en todos los grados subsecuentes de las matemáticas, inclusive en los más avanzados.

El estudio del Algebra Elemental que se abordará en los capítulos 14 y siguientes, resultará extremadamente claro y sencillo, si se tiene un sólido y firme conocimiento de la ARITMETICA BASICA.

Las demostraciones de los teoremas, a más de ser una magnífica gimnasia mental matemática, cumplen con el requisito fundamental de que, un teorema para ser aceptado necesita ser demostrado.

Sin embargo, cuando así se estime o así convenga, por haber realizado estudios post-primarios de Aritmética, bastará con memorizar y entender con toda claridad el significado de los teoremas y sus aplicaciones, para proseguir, sin dificultad, el estudio del ALGEBRA ELEMENTAL.

ARITMÉTICA BÁSICA

CAPITULO 1

NUMEROS ENTEROS

SISTEMA DECIMAL DE NUMERACION

1.- En el sistema decimal de numeración, las unidades simples y las unidades mayores que ellas, son las unidades enteras que constituyen el sistema.

Las unidades simples, las decenas, las centenas, los millares etc., son pues las unidades enteras del sistema.

2.- NUMERO ENTERO es aquel que está formado solamente por unidades enteras.

3.- CIFRA. Para representar a todos los números, el sistema decimal de numeración utiliza diez cifras o signos que son: 0 1 2 3 4 5 6 7 8 9.

PRINCIPIO FUNDAMENTAL DE LA NUMERACION ESCRITA DEL SISTEMA DECIMAL DE NUMERACION

4.-Toda cifra escrita a la izquierda de otra representa unidades diez veces mayores que las que representa ésta.

En 2465, 5 representa cinco unidades simples, 6 representa seis decenas, 4 representa cuatro centenas, y 2 dos millares.

5.- VALOR ABSOLUTO DE UNA CIFRA, es el valor que representa por su figura.

6.- VALOR RELATIVO DE UNA CIFRA, es el valor que representa por el lugar que ocupa en un número.

7.-VALOR DE UN NUMERO ENTERO. El valor de un número entero, es igual a la suma de los valores relativos de las cifras que lo forman, expresadas en unidades simples.

Así, el valor del número 2537 es igual a dos mil unidades simples, mas quinientas unidades simples, mas treinta unidades simples, mas siete unidades simples.

Dicho valor se expresa simplemente en la forma: dos mil quinientos treinta y siete, omitiendo las palabras unidades simples.

8.- REPRESENTACION DE LOS NUMEROS POR LETRAS. Los números se pueden representar también por medio de letras, habiéndose convenido en que los números cuyos valores se conocen o que se suponen conocidos, se representen por las primeras letras del alfabeto y los números de valores desconocidos por las últimas que, son w, x, y, z, generalmente.

En matemáticas es costumbre llamar a las letras, LITERALES.

SISTEMA BINARIO DE NUMERACION

9.- Para representar a todos los números, el sistema binario utiliza dos cifras o signos que son: 0 (cero) y 1 (uno).

PRINCIPIO FUNDAMENTAL DE LA NUMERACION ESCRITA DEL SISTEMA BINARIO

10.- Toda cifra escrita a la izquierda de otra, representa valores dos veces mayores que las que representa ésta. (Consulte la página ____)

En 11, el 1 de la derecha representa un valor de una unidad y el 1 de la izquierda un valor de dos unidades.

11.- VALOR ABSOLUTO DE LA CIFRA 1. El valor absoluto de la cifra 1, es UNO.

12.- VALOR RELATIVO DE LA CIFRA 1. El valor relativo de la cifra 1, es el valor que representa por el lugar que ocupa en un número binario.

En el número binario 101: el 1 de la derecha representa una unidad; el cero indica carencia de unidades de valor 2; y el 1 de la izquierda representa una unidad de valor 4.

Los valores relativos de la cifra 1, entre otros, son como sigue de acuerdo con el lugar que ocupa:

Lugar	10º	9º	8º	7º	6º	5º	4º	3º	2º	1º
Valor relativo de la cifra	512	256	128	64	32	16	8	4	2	1

13.- VALOR DE UN NUMERO BINARIO. El valor de un número binario es igual a la suma de los valores relativos de las cifras que lo forman, expresado en unidades.

Así, considerando las cifras de izquierda a derecha del número binario 10111, su valor es:

10111 binario = 16 + 0 + 4 + 2 + 1 = 23 decimal

También:

10001 binario = 17 decimal

100011 binario = 35 decimal

AXIOMAS Y TEOREMAS

Antes de abordar el estudio de las operaciones que se ejecutan con los números enteros, es preciso conocer las dos verdades siguientes en las que se fundamentan las matemáticas.

14.- AXIOMA es una verdad evidente por sí misma y por consiguiente no requiere de demostración para ser aceptada.

Así, un número entero es mayor que cualesquiera de las unidades que lo forman excepto el 1, es un axioma.

15.- TEOREMA es una verdad que para ser aceptada, es necesaria la correspondiente demostración.

Las matemáticas se estudian principalmente a base de teoremas.

SUMA O ADICION

16.- La suma o adición de números enteros es la operación que tiene por objeto obtener un número que contenga tantas unidades, cuantas unidades contengan otros números dados.

Sumar el número 12 con el número 435 es obtener un número que contenga todas las unidades, todas las decenas y todas las centenas que contengan 12 y 435.

17.- SUMANDO es cada uno de los números que se van a sumar.

18.- SUMA es el resultado de la operación.

19.- SIGNO DE LA SUMA. Para indicar que varios números se van a sumar, se interpone entre ellos el signo + que se lee "mas".

Ejemplos:

$$20 + 50 + 17 + 30$$
$$a + b + c$$

20.- IGUALDAD FUNDAMENTAL DE LA SUMA. Puesto que la suma de los valores de los números que se van a sumar y el resultado de la operación tienen el mismo valor, esto se expresa poniendo entre los sumandos y el resultado el signo = que se lee "igual a".

Así,

$$25 + 32 + 8 = 65$$

y representando el resultado de una suma cualquiera por S,

$$a + b + c = S$$

A estas expresiones se les llama IGUALDADES, y esta última que interpreta matemáticamente la definición de suma, es la igualdad fundamental de la suma.

Es oportuno incluir la definición de igualdad.

21.- IGUALDAD es la indicación de que dos expresiones diferentes tienen el mismo valor.

A la expresión colocada a la izquierda del signo = se le llama PRIMER MIEMBRO, y a la colocada a la derecha, SEGUNDO MIEMBRO.

PROPIEDADES DE LA SUMA

La condición necesaria de obtener un número que contenga TODAS LAS UNIDADES que contengan varios números dados expresada en la definición de suma (16) y el significado que tiene el valor de un número entero, (7) hacen evidentes las siguientes propiedades de la suma.

22.- La suma de varios números enteros es un número entero.

23.- En una suma de varios números, el orden de los sumandos no altera el valor de la suma.

Ejemplos:

1° $20 + 15 + 8 = 20 + 8 + 15$
$= 8 + 20 + 15$ … etc.

2° $a + b + c + d = b + d + c + a$
$= d + a + b + c$ … etc.

24.- En una suma de varios números, dos o más sumandos pueden substituirse por su suma efectuada, sin que se altere el valor de la suma.

Ejemplos:

1° $5 + 2 + 8 + 12 = 5 + 10 + 12$ (Se substituye $2 + 8$, por 10)

2° Si en la suma

$a + b + c + d = S$ se supone que

$a + c + d = m$ entonces

$b + m = S$

25.- En una suma de varios números, cualquier sumando puede substituirse por sus propios sumandos, sin que se altere el valor de la suma.

Ejemplos:

1° 12 + 25 + 7 = 12 + 20 + 5 + 7 (Se substituye 25, por 20 + 5)

= 10 + 2 + 25 + 7 (Se substituye 12, por 10 + 2)

2° Si se supone que m = c + d, entonces la suma

a + b + m = a + b + c + d

26.- Para sumar una suma con otra suma, se forma una sola suma con todos los sumandos y se opera con la suma resultante.

Ejemplos:

1° Para sumar 2 + 3 + 5 con 7 + 15 se obtiene

2 + 3 + 5 + 7 + 15 = 32

2° La suma de a + m + 6 con b + c + 7, es

a + m + 6 + b + c + 7 = a + m + b + c + 13

PRUEBA DE UNA OPERACION

27.- En general, la prueba de una operación es una segunda operación diferente de la primera, que tiene por objeto comprobar si es correcto el resultado obtenido en la primera.

La prueba de una suma se puede efectuar aplicando cualesquiera de las propiedades 23 ó 24.

MULTIPLICACION

28.- Multiplicación es la operación que tiene por objeto abreviar una suma de sumandos iguales.

125 + 125 + 125 + 125 + 125 es una suma de sumandos iguales que se puede abreviar por medio de una multiplicación.

29.- MULTIPLICANDO es el número que se repite como sumando.

30.- MULTIPLICADOR es el número que indica las veces que se repite el multiplicando.

31.- PRODUCTO es el resultado de la operación.

32.- FACTORES. Al multiplicando y al multiplicador, también se les llama factores.

33.- SIGNO DE LA MULTIPLICACION. Para indicar que se va a efectuar una multiplicación entre el multiplicando y el multiplicador, se coloca entre ellos el signo x que se lee "por".

La suma de 6 sumandos iguales a 15, se abrevia por medio de una multiplicación que se expresa en la forma, 15 x 6

34.- CONVENCION. Cuando no hay lugar a confusiones, se escribe simplemente multiplicando y multiplicador, uno a continuación del otro.

Ejemplos:

12 a, a b, c 15, m x, etc.

35.- IGUALDAD FUNDAMENTAL DE LA MULTIPLICACION. La igualdad de valores que hay entre la multiplicación de un factor "a" por un factor "b", y su producto P, se expresa en la forma

$$a\ b = P$$

que es la igualdad fundamental.

36.- CONSECUENCIAS.

17 x 0 = 0 El multiplicando 17 se ha repetido 0 veces.
0 x 25 = 0 El multiplicando 0 se ha repetido 25 veces.
a x 0 = 0
0 x m = 0
15 x 1 = 15
1 x b = b

37.- **TEOREMA.** El orden de DOS factores no altera el valor del producto.

Ejemplos:

5 x 7 = 7 x 5   a b = b a   15 a = a 15

Demostración.
Sea el producto 3 x 4
Por definición de multiplicación,

3 x 4 = 3 + 3 + 3 + 3 y por (25)
= 1 + 1 + 1 + 1 + 1 + 1 + 1 + 1 + 1 + 1 + 1 + 1 y por (24)
= 4 + 4 + 4 y por definición de multiplicación,
= 4 x 3

∴ 3 x 4 = 4 x 3 (∴ **léase "de donde")** L.Q.Q.D.

(L.Q.Q.D.) (léase "lo que quería demostrarse")

Como el razonamiento anterior puede aplicarse a cualquier par de números enteros, la demostración es una "DEMOSTRACION GENERAL" y por lo mismo, válida para que el teorema sea aceptado.

38.- PRUEBA DE LA MULTIPLICACION. La prueba de la multiplicación (27) se efectúa aplicando el teorema (37).

Así, la multiplicación 142 x 27 = 3834 se prueba con la multiplicación 27 x 142 = 3834.

39.- MULTIPLO DE UN NUMERO es el producto de dicho número por cualquier número entero.

Ejemplos:

15 x 1 = 15   15 x 2 = 30   15 x 9 = 135   15, 30, 135 son múltiplos de 15.

Así mismo, por (37), 30 es múltiplo de 2 y 135 es múltiplo de 9.

SUBSTRACCION O RESTA

40.- Substracción o resta es la operación que tiene por objeto investigar en cuántas unidades excede un número mayor a otro menor.

La substracción de 179 y 65 tiene por objeto investigar en cuántas unidades, decenas y centenas excede 179 a 65.

41.- MINUENDO es el número mayor.

42.- SUBSTRAENDO es el número menor.

43.- RESTA EXCESO O DIFERENCIA es el resultado de la operación.

44.- SIGNO DE LA SUBSTRACCION. Para indicar que se va a efectuar una substracción entre los números 125 y 68, se escribe el minuendo, enseguida el signo – que se lee "menos" y a continuación el substraendo.

Ejemplos:
125 – 68   a – b

45.- IGUALDAD FUNDAMENTAL DE LA SUBSTRACCION. Si se conviene en que el minuendo se represente por la letra M, el substraendo por la letra S, y la resta por R, se tiene por definición que,

$M - S = R$ que es la igualdad fundamental.

PROPIEDADES DE LA SUBSTRACCION

De la definición de substracción o resta, se deducen las siguientes propiedades, que son evidentes.

46.- El minuendo es igual al substraendo más lo que excede el primero al segundo, es decir,

$$M = S + R$$

47.- El minuendo menos lo que éste excede al substraendo, es igual al substraendo, es decir,

$$M - R = S$$

48.- PRUEBA DE LA SUBSTRACCION. Generalmente la prueba de la substracción (27) se efectúa aplicando la propiedad (46).

49.- **TEOREMA.** Si en una substracción, al minuendo y al substraendo se les agrega o se les quita un mismo número, el valor de la resta no se altera.

Ejemplo:
472 – 346 = 126 y si se agrega 32 al minuendo y al substraendo, se obtiene
504 – 378 = 126

O también, si se les quita 64, resulta
408 – 282 = 126

Demostración.
Sea la substracción 56 – 24 = 32

Si se agrega una unidad al minuendo 56, la resta 32 queda aumentada en una unidad, y consecuentemente, si se agregan "n" unidades al minuendo, la resta queda aumentada en "n" unidades.

Por otra parte, si se agrega una unidad al substraendo 24, la resta queda disminuida en una unidad, y consecuentemente, si se agregan "n" unidades al substraendo, claro está que sin rebasar el valor del minuendo, la resta queda disminuida en "n" unidades.

En consecuencia, agregando "n" unidades al minuendo y al substraendo, el valor de la resta no se alterará, puesto que queda aumentada y disminuida, a la vez, "n" unidades.

Análogamente, si se quitan "n" unidades al minuendo, la resta queda disminuida en "n" unidades y si se quitan "n" al substraendo, la resta queda aumentada en "n" unidades, y consecuentemente, el valor de la resta no se altera si se quitan a la vez, "n" unidades al minuendo y al substraendo. L.Q.Q.D.

50.- OBSERVACION. El teorema es muy utilizado para efectuar una substracción en la que una o varias cifras del minuendo son menores que las correspondientes del substraendo, en cuyo caso se aumentan 10 unidades a la cifra menor para hacer posible la resta, y posteriormente se agrega al substraendo las mismas 10 unidades, pero como una unidad del orden inmediato superior a fin de que no se altere el valor del resultado.

Ejemplo:

Sea la substracción 6454 – 2627 a la que se da la forma que se indica, para ilustrar convenientemente la operación.

	(+10)		(+10)
6	4	5	4
2	6	2	7
(+1)		(+1)	
3	8	2	7

Al efectuar las divisiones, también, para hacer posibles las restas respectivas, es necesario agregar 10, 20, 30, … 90 unidades según sea el caso.

DIVISION

51.- La división es la operación que tiene por objeto investigar cuántas veces un número mayor contiene a un número menor.

52.- DIVIDENDO es el número mayor.

53.- DIVISOR es el número menor.

54.- COCIENTE es el número que indica las veces que el dividendo contiene al divisor.

55.- OBSERVACION. De (51) y (54) se deduce que el producto del divisor por el cociente, es el mayor múltiplo del divisor contenido en el dividendo.

56.- RESTA es el número que queda de la operación.

La resta es menor que el divisor, puesto que ya no es posible que lo contenga una vez más. Consecuentemente, la resta es igual al dividendo menos el mayor múltiplo del divisor contenido en el dividendo. También, el mayor múltiplo del divisor contenido en el dividendo más la resta, es igual al dividendo.

57.- SIGNO DE LA DIVISION. Para indicar que el número 525 se va a dividir entre el número 23, se utilizan las formas siguientes:

$525 \div 23,\qquad \frac{525}{23}\qquad 525/23$ que se leen indistintamen

525 entre 23; 525 dividido por 23; 525 partido por 23.

58.- IGUALDAD FUNDAMENTAL DE LA DIVISION. Si se conviene en que el dividendo se represente por "D", el divisor por "d", el cociente por "c", y la resta por "r", se deduce según (55) y (56), la igualdad de valores siguiente:

$$D = d\,c + r$$

que es la igualdad fundamental de la división.

Ejemplo:

Sea la división 8521/14

$$8521 = 14 \times 608 + 9$$
$$= 8521$$

```
     608
14|8521
    121
      9
```

Para indicar que la resta "r" debe ser menor que el divisor "d", se utiliza el signo < que se lee "menor que", colocado entre ambos números como sigue:

$$r < d$$

Es oportuno indicar que también se puede utilizar el signo > que se lee "mayor que", en la forma

$$d > r$$

59.- PRUEBA DE LA DIVISION. La prueba de la división (27) se efectúa aplicando la igualdad fundamental de la división.

60.- DIVISION EXACTA es aquella en la que la resta es nula.

Consecuentemente, la igualdad fundamental de la división exacta es:

$D = d\ c$

180/15 es una división exacta que tiene por cociente 12 y por lo mismo,

$180 = 15 \times 12$

61.- CONSECUENCIA. En una división exacta, el dividendo es múltiplo (39) del divisor y del cociente.

CAPITULO 2

OPERACIONES COMBINADAS

En matemáticas se encuentran con bastante frecuencia, expresiones compuestas por sumas, restas, o sumas y restas, de números, productos y cocientes.

Para ejecutar correctamente las operaciones indicadas en dichas expresiones, es necesario conocer los teoremas que se estudian a continuación.

62.- **TEOREMA.** El valor de una expresión compuesta de sumandos y substraendos no se altera cuando se cambia el orden de ellos, siempre que las operaciones sean posibles.

Ejemplos:

$$12 + 17 - 5 - 3 + 4 = 17 - 5 + 4 - 3 + 12$$

$$a + b - c - d \ = b - c + a - d \quad \text{o también}$$

$$= a - c - d + b \ldots\ldots \text{ etc.}$$

Demostración.

Puesto que el TOTAL de unidades que se van a sumar y el TOTAL de unidades que se van a restar, no se ha alterado, el valor del resultado tampoco resultará alterado.

63.- SIGNOS DE AGRUPAMIENTO. Para indicar que varios números, productos o cocientes, combinados por operaciones iguales o diferentes, se deben considerar como un solo número, convencionalmente se encierran dentro de un signo de agrupamiento. El signo de agrupamiento es el paréntesis, que puede ser:

Paréntesis común	( )
Paréntesis rectangular	[ ]

Paréntesis de llave { }

Ejemplos:

(2 + 17 – 6) – (4/2 + 1) es una expresión en la que (2 + 17 – 6) es el valor de un minuendo y (4/2 + 1) el valor de un substraendo.

En la expresión (a + b) (r + 1 – k) se tiene que (a + b) y (r + 1 – k) son factores de un producto.

(a b) / (4 + m) es una división de dividendo (a b) y de divisor (4 + m)

64.- **TEOREMA.** En todo paréntesis precedido del signo + pueden suprimirse paréntesis y signo sin que se altere el valor de la expresión a la que pertenece.

Ejemplos:

1° a b – 12 + (m – 2 + k) = a b – 12 + m – 2 + k

Obsérvese que m dentro del paréntesis es un sumando.

2° 17 – 11 + (6 – 5) = 17 – 11 + 6 – 5

Demostración.

Sea la expresión

$$a - b + (d - f)$$

El valor de esta expresión no se altera si se le suma y se le resta un mismo número. Entonces restando y sumando f se tiene,

a – b – f + (d – f + f) = a – b – f + (d)

y sumando y restando d resulta

a – b – f + d + (d – d) = a – b – f + d

∴ a – b + (d – f) = a – b + d – f L.Q.Q.D.

65.- **TEOREMA.** En todo paréntesis precedido del signo – pueden suprimirse paréntesis y signo, transformando los sumandos a substraendos y los substraendos a sumandos que están dentro de él, sin que se altere el valor de la expresión a la que pertenece.

Ejemplo:

35 – (12 + 10 – 4) = 35 – 12 – 10 + 4

b + c – (a + m – k) = b + c – a – m + k

Obsérvese que dentro de los paréntesis, 12 es un sumando y “a” también.

Demostración.

Sea la expresión

$a - (b - c + d)$

Si al minuendo "a" y al substraendo $(b - c + d)$ se les resta b, se les suma c y se les resta d, el valor de la expresión no se altera según (49) y por lo tanto

$$a - (b - c + d) = a - b + c - d - (b - c + d - b + c - d)$$

$$\therefore\ a - (b - c + d) = a - b + c - d \qquad \text{L.Q.Q.D.}$$

CONSECUENCIAS.

66.- Primera. En una expresión que contiene sumandos, substraendos, o sumandos y substraendos, dos o más de ellos pueden agruparse dentro de un paréntesis precedido del signo – transformando los sumandos a substraendos y viceversa, sin que se altere el valor de la expresión.

Ejemplo:

$a + m - 15 + k - b = a + m - (15 - k + b)$

67.- Segunda. En una expresión que contenga dos o más substraendos iguales, se pueden substituir por un "producto substraendo" en el que uno de los factores es uno de los substraendos iguales y el otro, el número que indica las veces que se repite dicho substraendo.

Ejemplos:

1° $15 - 4 + 13 + 25 - 4 - 4 = 15 - (4 + 4 + 4) + 13 + 25$
$= 15 - 4 \times 3 + 13 + 25$

2° $a + c - b - b = a + c - (b + b)$
$= a + c - 2\,b$

68.- **TEOREMA.** Para deducir el valor de una expresión en la que uno o varios productos o cocientes hacen las veces de sumandos o substraendos, es necesario efectuar dichos productos o cocientes, previamente a todas las demás operaciones.

Ejemplo:

$50 - 12 \times 3 + 20/5 + 5 \times 2 - 10/2 = 50 - 36 + 4 + 10 - 5$
$= 23$

Demostración.

Puesto que una multiplicación indicada representa el valor de un producto, es indispensable efectuar dicha multiplicación para operar con el valor del producto.

Del mismo modo, puesto que una división indicada representa el valor de un cociente, es indispensable obtener dicho cociente para operar con su valor. L.Q.Q.D.

A este respecto, es muy importante hacer hincapié en la correcta interpretación de las operaciones que se indican en una expresión dada.

En los siguientes ejemplos se da la expresión y la correspondiente interpretación.

1º (2 + 5) / 6	La suma (2 + 5) debe dividirse por 6, para obtener el valor de un cociente.
2º 2 + 5 / 6	Al número 2 se le suma el cociente que resulta de dividir 5 entre 6.
3º (2 x 5) ÷ 6 + 4	El producto (2 x 5) se divide entre 6 y al resultado se le suma 4.
4º 2 (5 ÷ 6) + 4	El número 2 se multiplica por el cociente 5/6 y al resultado se le agrega 4.
5º (2 x 5) ÷ (6 + 4)	El producto (2 x 5) se divide entre la suma (6 + 4).
6º 2 x 5 + 6 / 4 + 3	Al producto 2 x 5 se le suma el cociente 6/4 y al resultado se le agrega 3.
7º 2 (5 + 6) ÷ 4 + 3	El número 2 se multiplica por la suma (5 + 6); el resultado se divide entre 4 y a este último resultado se le agrega 3.
8º (2 x 5 + 6) ÷ (4 + 3)	El producto 2 x 5 se agrega a 6, y el resultado se divide entre la suma (4 + 3).
9º 2 (5 + 6 ÷ 4) + 3	El número 5 se suma al cociente 6 ÷ 4; el resultado se multiplica por 2; al resultado así obtenido se le suma 3.
10º 2 x 5 + (6 / 4 + 3)	Al cociente 6/4 se agrega 3; al resultado se le suma el producto 2 x 5.

También, ejecutando operaciones:

11°	$7 + 6 \div 3$	$= 7 + 2$
		$= 9$
12°	$(3 \times 5 + 6) \div (9 - 2)$	$= (15 + 6) \div 7$
		$= 3$
13°	$2 (5 + 8 \div 2) - 7$	$= 2 (5 + 4) - 7$
		$= 2 \times 9 - 7$
		$= 18 - 7$
		$= 11$
14°	$3 + 5 \times 2 - (14 / 7) 2$	$= 3 + 10 - 2 \times 2$
		$= 13 - 4$
		$= 9$
15°	$3 + 5 \times 2 - 14 / (7 \times 2)$	$= 3 + 10 - 1$
		$= 13 - 1$
		$= 12$

PRODUCTO DE VARIOS FACTORES

En el número (31) se hizo referencia a un producto como el resultado de la multiplicación de dos factores.

Este producto es el caso más simple de lo que en matemáticas se conoce como "PRODUCTO DE VARIOS FACTORES".

69.- Un producto de varios productos consta de dos o más factores colocados uno a continuación de otro y separados por el signo x.

Ejemplos:

47 x 25 x 8 x 4 x 6
a b d m   en donde, por convención no se utiliza el signo x
12 k r

70.- **TEOREMA.** El valor de un producto de varios factores se obtiene multiplicando el primer factor por el segundo, el resultado por el tercero, el resultado por el cuarto, y así sucesivamente hasta considerar todos los factores.

Ejemplo:

5 x 20 x 3 x 7 x 12 = 100 x 3 x 7 x 12
= 300 x 7 x 12
= 2100 x 12
= 25200

Demostración

Primero

Sea el producto

(2 x 3) 5 que por el significado del paréntesis, es necesario multiplicar previamente el primer factor 2, por el segundo factor 3, y el resultado por el tercer factor 5. Resulta entonces que:

(2 x 3) 5 = 2 x 3 x 5 que es un producto de tres factores cuyo valor se obtiene multiplicando el primer factor 2 por el segundo factor 3 y el resultado 6, por el factor 5.

∴ 2 x 3 x 5 = 30

Con el mismo razonamiento se obtienen los siguientes productos cuyos valores se deducen en la misma forma. Así,

(6 x 4 x 2) 5 = 6 x 4 x 2 x 5
= 240

∴ 6 x 4 x 2 x 5 = 240

Análogamente,

(3 x 2 x 4 x 8) 6 = 3 x 2 x 4 x 8 x 6
= 1152

∴ 3 x 2 x 4 x 8 x 6 = 1152 y así sucesivamente para el producto de un paréntesis con 5, 6, 7, 8, … etc. factores, multiplicado por un número.

Segundo

Cuando un producto de varios factores, como por ejemplo (5 x 7 x 3) se multiplica por 2, el valor del producto se duplica, puesto que

(5 x 7 x 3) 2 = (5 x 7 x 3) + (5 x 7 x 3)

Consecuentemente, si dicho producto se multiplica por el número "n" el producto se hace "n" veces mayor.

De aquí que en (7 x 5 x 3) (2 x 4), el producto (7 x 5 x 3) al ser multiplicado por el número (2 x 4) se hará 8 veces mayor.

Entonces, si primero se hace 2 veces mayor, es decir, (7 x 5 x 3) 2 = 7 x 5 x 3 x 2 y después este producto obtenido se hace 4 veces mayor, es decir, (7 x 5 x 3 x 2) 4 = 7 x 5 x 3 x 2 x 4 se habrá obtenido el valor del producto (7 x 5 x 3) (2 x 4) mediante el producto de varios factores 7 x 5 x 3 x 2 x 4 cuyo valor se deduce multiplicando el primer factor por el segundo, el resultado por el tercero, etc. L.Q.Q.D.

CONSECUENCIA.

71.- Para multiplicar un producto de varios factores por un número, o por otro producto de varios factores, se hace un solo producto con todos los factores.

Ejemplos:
(a b c) m = a b c m
(a k m) (p r q) = a k m p r q
(21 x 6) (4 x 2 x 8)= 21 x 6 x 4 x 2 x 8
= 8064

72.- **TEOREMA.** En un producto de varios factores, el orden de los factores no altera el valor del producto.

Ejemplos:
30 x 12 x 5 = 5 x 30 x 12
= 12 x 5 x 30
= 30 x 5 x 12 … etc.
a m b k = b m k a
= m a b k … etc.

Demostración

Sea el producto 5 x 3 x 2 x 4 del cual se obtiene
5 x 3 x 2 x 4 = 120

Substituyendo el producto 120 por la suma de sus unidades simples,

5 x 3 x 2 x 4 = 1 + 1 + 1 + … (Hasta 120 sumandos iguales)

Formando sumas parciales cuyo número de sumandos sea por ejemplo igual al factor 4,

5 x 3 x 2 x 4 = 4 + 4 + 4 … (Hasta 120/4 = 30 sumandos iguales)

Formando nuevamente sumas parciales cuyo número de sumandos sea por ejemplo igual al factor 3,

5 x 3 x 2 x 4 = (4 + 4 + 4) + (4 + 4 + 4) … (Hasta 30/3 = 10 sumandos iguales)

= 4 x 3 + 4 x 3 + … (Hasta 10 sumandos iguales)

Formando sumas parciales cuyo número de sumandos sea por ejemplo igual al factor 2,

5 x 3 x 2 x 4 = (4 x 3 + 4 x 3) + (4 x 3 + 4 x 3) + … (Hasta 10/2 = 5 sumandos iguales)

= (4 x 3) 2 + (4 x 3) 2 + … (Hasta 5 sumandos iguales)
= 4 x 3 x 2 + 4 x 3 x 2 + … (Hasta 5 sumandos iguales)
= (4 x 3 x 2) 5
= 4 x 3 x 2 x 5
∴ 5 x 3 x 2 x 4 = 4 x 3 x 2 x 5

Como puede apreciarse, a partir del valor de cualquier producto de varios factores expresado como una suma de unidades simples, se pueden obtener expresiones con sus factores ordenados en todas las formas posibles sin que se altere el valor del producto de que se trate.

L.Q.Q.D.

CONSECUENCIAS

73.- Primera. El producto de varios factores se obtiene multiplicando en cualquier orden, un primer factor por un segundo factor, el resultado por un tercer factor y así sucesivamente hasta considerar todos los factores.

Ejemplo:

7 x 5 x 20 x 12 x 3	= 7 x 100 x 12 x 3	(Primer factor 5, y segundo factor 20)
	= 7 x 300 x 12	(Tercer factor 3)
	= 2100 x 12	(Cuarto factor, 7)
	= 25200	(Quinto factor, 12)

74.- Segunda. En un producto de varios factores, dos o más de ellos pueden substituirse por su producto efectuado sin que se altere el valor del producto.

Ejemplo:

9 x 3 x 4 x 10	= 1080	
	= 9 x 30 x 4	(Factores substituidos, 3 y 10)
	= 1080	

= 9 x 120 (Factores substituidos, 3, 4 y 10)
= 1080
= 9 x 12 x 10 (Factores substituidos, 3 y 4)
= 1080 … etc.

75.- Tercera. En un producto de varios factores, cualquier factor puede substituirse por sus propios factores sin que se altere el valor del producto.

Ejemplo:
32 x 4 x 25 = 3200
= 16 x 2 x 4 x 5 x 5
(Factores substituidos, 32 = 16 x 2, y 25 = 5 x 5)
= 3200

CAPITULO 3

TEOREMAS DE LAS CUATRO OPERACIONES

76.- **TEOREMA.** Para multiplicar una suma por un número, se multiplica cada parte de la suma por el número y se suman los resultados.

Ejemplos:

$$(20 + 12 + 6)\,7 = 20 \times 7 + 12 \times 7 + 6 \times 7$$
$$= 140 + 84 + 42$$
$$= 266$$

$(c + d)\, m = c\, m + d\, m$

Demostración

Sea el producto $(a + b + c)\, 15$

De acuerdo con el número (28)

$(a + b + c)\, 15 = (a + b + c) + (a + b + c) + \ldots$ (Hasta 15 sumandos iguales)

Suprimiendo paréntesis y substituyendo los 15 sumandos de valor "a", los 15 de valor "b" y los 15 de valor "c", por los productos respectivos, resulta:

$(a + b + c)\, 15 = a\, 15 + b\, 15 + c\, 15$

y ordenando los productos en la forma usual, que es la más conveniente,

$(a + b + c)\, 15 = 15\, a + 15\, b + 15\, c$ L.Q.Q.D.

Obsérvese que según (37), $(a + b + c)\, 15 = 15\, (a + b + c)$

77.- **TEOREMA.** Para multiplicar una suma por otra suma, se multiplica cada parte de la primera por cada parte de la segunda y se suman los resultados.

Ejemplos:

$(6 + 3 + 8)(5 + 3) = 6 \times 5 + 6 \times 3 + 3 \times 5 + 3 \times 3 + 8 \times 5 + 8 \times 3$
$= 30 + 18 + 15 + 9 + 40 + 24$
$= 136$

$(a + b)(2 + c) = a\,2 + a\,c + b\,2 + b\,c$
$= 2\,a + a\,c + 2\,b + b\,c$

Demostración

Sea el producto $(a + b + c)(3 + 6)$

Por el significado del segundo paréntesis, la expresión $(a + b + c)$ debe repetirse como sumando 9 veces, es decir,

$(a + b + c)(3 + 6) = (a + b + c) + (a + b + c) + \ldots$ (Hasta 9 sumandos iguales)

Formando 2 sumas parciales que tengan 3 y 6 sumandos iguales a $(a + b + c)$, resulta:

$(a + b + c)(3 + 6) = (a + b + c)\,3 + (a + b + c)\,6$ y por (76)
$= 3\,a + 3\,b + 3\,c + 6\,a + 6\,b + 6\,c$ L.Q.Q.D.

Obsérvese que según (37),

$(a + b + c)(3 + 6) = (3 + 6)(a + b + c)$

78.- **TEOREMA.** Para multiplicar una diferencia por un número, se multiplica cada parte de la diferencia por el número y del producto del minuendo, se resta el producto del substraendo.

Ejemplos:

$(12 - 5)\,4 = 12 \times 4 - 5 \times 4$
$= 48 - 20$
$= 28$

$(a - b)\,m = a\,m - b\,m$

Demostración

Sea el producto $(a - b)\,12$

De acuerdo con el número (28) y el significado de paréntesis, el número $(a - b)$ debe repetirse 12 veces como sumando, es decir,

$(a - b)\,12 = (a - b) + (a - b) + \ldots$ (Hasta 12 sumandos iguales)

Suprimiendo paréntesis; substituyendo los 12 sumandos de valor “a”, por el producto “12 a”, y los 12 substraendos de valor “b”, por el “producto substraendo” “12 b” según (67) se tiene:

$(a - b)\,12 = 12\,a - 12\,b$ L.Q.Q.D.

Obsérvese que por (37)
(a – b) 12 = 12 (a – b)

79.- **TEOREMA.** Para dividir una suma entre un número, se divide cada parte de la suma por el número y se suman los resultados.

Ejemplos:

1°
$$\frac{21+35+63}{7}=\frac{21}{7}+\frac{35}{7}+\frac{63}{7}$$
$$=3+5+9$$
$$=17$$

2° $(10 + 16) / 3 = \frac{10}{3}+\frac{16}{3}$

La suma de estos cocientes se verá al estudiar “fracciones”.

3° $\frac{a + b + c}{m}=\frac{a}{m}+\frac{b}{m}+\frac{c}{m}$

Demostración

Sea la división $\frac{a + b + f}{d}$

Examinando cuidadosamente el teorema (76), puede hacerse razonablemente una FALSA SUPOSICION, que en matemáticas se le llama FALSA POSICION, en el sentido de que el cociente de la división sea a / d + b / d + f / d, es decir que:

$$\frac{a + b + f}{d}=\frac{a}{d}+\frac{b}{d}+\frac{f}{d}$$

Si esta igualdad se puede convertir en una identidad, la FALSA POSICION es el cociente correcto. Según (60),

el dividendo a + b + f es igual al producto del divisor “d” , por

el cociente supuesto $\frac{a}{d}+\frac{b}{d}+\frac{f}{d}$, es decir

$$a + b + f = d\left(\frac{a}{d}+\frac{b}{d}+\frac{f}{d}\right) \quad \text{y por (76)}$$

$$a + b + f = \frac{a}{d}\,d + \frac{b}{d}\,d + \frac{f}{d}\,d$$

Ahora bien: el sumando $\frac{a}{d}\,d$ tiene por valor "a" ya que el número "a" se divide por el número "d" y el cociente resultante se multiplica por el mismo número "d"; análogamente, el sumando $\frac{b}{d}d$ tiene por valor "b", y el $\frac{f}{d}d$ tiene por valor "f". De aquí que,

$$a + b + f = a + b + f$$

que es una identidad y por la misma la FALSA POSICION es correcta y consecuentemente,

$$\frac{a+b+f}{d}=\frac{a}{d}+\frac{b}{d}+\frac{f}{d}$$

L.Q.Q.D.

80.- **TEOREMA.** Para dividir una diferencia entre un número, se divide el minuendo y el substraendo por el número y del cociente del minuendo se resta el cociente del substraendo.

Ejemplos:

$$\frac{35-14}{7}=\frac{35}{7}-\frac{14}{7}$$
$$=5-2$$
$$=3$$

$$\frac{a-b}{m}=\frac{a}{m}-\frac{b}{m}$$

Demostración

Sea la división $\frac{a - b}{d}$

Siguiendo un razonamiento semejante al seguido en el teorema anterior y por el examen del teorema (78), puede suponerse que es correcta la igualdad,

$$\frac{a \quad b}{d} = \frac{a}{d} - \frac{b}{d}$$

Puesto que el dividendo (a – b) es igual al producto del divisor "d"

por el cociente supuesto $\frac{a}{d} - \frac{b}{d}$, se tiene,

$$a - b = d\left(\frac{a}{d} - \frac{b}{d}\right) \quad \text{y por (78)}$$

$$= \frac{a}{d}\, d - \frac{b}{d}\, d$$

y como $\frac{a}{d}\, d$ tiene por valor "a" y $\frac{b}{d} d$ el valor "b",

$a - b = a - b$ lo que es una identidad y consecuentemente,

$$\frac{a-b}{d} = \frac{a}{d} - \frac{b}{d}$$

L.Q.Q.D.

81.- **TEOREMA.** Para dividir un producto de varios factores entre un número, se divide uno de los factores entre el número conservando todos los demás.

Ejemplos:

$$\frac{55 \times 30 \times 22}{11} = 5 \times 30 \times 22$$

$$= 3300 \quad \text{o también}$$

$$= 55 \times 30 \times 2$$

$$= 3300$$

$$\frac{a\,b\,c}{d} = \frac{a}{d}\,b\,c \quad \text{o también}$$

$$= a\,\frac{b}{d}\,c \quad \text{o también}$$

$$= a\,b\,\frac{c}{d}$$

Demostración

Sea la división $\frac{a\,b\,f}{d}$:

Si en el dividendo a b f se divide y se multiplica, por ejemplo, el factor "b" por el divisor "d", es evidente que

$$a\,b\,f = a\frac{b}{d}\,d\,f \quad \text{y por (71)}$$

$$a\,b\,f = d\left(a\,\frac{b}{d}\,f\right)$$

De donde se deduce que $\left(a\frac{b}{d}f\right)$ es el cociente buscado, puesto que al ser multiplicado por el divisor "d", se obtiene el dividendo a b f. Consecuentemente,

$$\frac{a\,b\,f}{d} = a\,\frac{b}{d}\,f$$

L.Q.Q.D.

El teorema permite deducir que, para dividir un producto de varios factores por uno de sus factores, basta suprimir dicho factor.
Ejemplos:

$$\frac{17 \times 150 \times 9}{17} = 150 \times 9$$

$$\frac{b\,k\,m\,n}{k} = b\,m\,n$$

82.- **TEOREMA.** Si en una división, el dividendo y el divisor se multiplican o se dividen por un mismo número, el cociente no se altera y la resta queda multiplicada o dividida por dicho número.

Ejemplo:
Sea la división 105 / 28

$$28\overline{)105}\quad \text{cociente } 3,\ \text{resta } 21$$

Si se multiplica dividendo y divisor, por ejemplo, por 5, resulta:

525 / 140

$$140\overline{)525}\quad \text{cociente } 3,\ \text{resta } 105$$

La resta 105 = 21 x 5

Si se divide dividendo y divisor, por ejemplo, por 7, se obtiene:

15 / 4

$$4\overline{)15}\quad \text{cociente } 3,\ \text{resta } 3$$

La resta 3 = 21 / 7
Demostración.
Sea la división D / d en la que por (58)

$$D = d\,c + r \qquad (1)$$

En cualquier igualdad es evidente que 2, 3, 4, … n veces el valor del primer miembro, es igual, respectivamente a 2, 3, 4, … n veces el valor del segundo miembro, y también, que el valor del primer miembro dividido por 2, 3, 4, … n, es igual respectivamente al valor del segundo miembro dividido por 2, 3, 4, … n.

Por otra parte, si "b" y "f" son números enteros y $b < f$, también es evidente que

$$n\,b < n\,f \quad \text{y} \quad \frac{b}{n} < \frac{f}{n}$$

Entonces en la igualdad (1) se tiene,
$D = d\,c + r$ en donde, necesariamente $r < d$
Multiplicando ambos miembros de la igualdad por el número "n" resulta:

$D\,n = (d\,c + r)\,n$ y por (76)

$= d\,c\,n + r\,n$ y por (71)

$D\,n = (d\,n)\,c + r\,n$

Ahora bien, como $r < d$ y $r\,n < d\,n$, se deduce que "r n" es la resta de una división de divisor "d n", de cociente "c" y de dividendo D n.

Siguiendo un razonamiento semejante para el caso en el que se dividan ambos miembros de la igualdad (1) por ejemplo por el número "q", resulta

$D = d\,c + r$

$$\frac{D}{q} = \frac{d\,c + r}{q} \quad \text{y por (79)}$$

$$= \frac{d\,c}{q} + \frac{r}{q} \quad \text{y por (81)}$$

$$\frac{D}{q} = \frac{d}{q}\,c + \frac{r}{q}$$

Consecuentemente, si $r < d$, $\frac{r}{q} < \frac{d}{q}$ y $\frac{r}{q}$ es la resta de una división de divisor $\frac{d}{q}$, cociente c y dividendo $\frac{D}{q}$ L.Q.Q.D.

Es evidente que en una división exacta (60) la aplicación del teorema es más sencilla, puesto que la resta es nula.

83.- CONSECUENCIA. En una división en la que dividendo y divisor son productos de varios factores, se pueden suprimir los factores comunes sin que se altere el valor del cociente.

Ejemplos:

1° $$\frac{4 \times 9 \times 5 \times 7}{7 \times 5 \times 3} = \frac{4 \times 9}{3}$$

$$= \frac{4 \times 3 \times 3}{3}$$

$$= 4 \times 3$$

$= 12$

2º $\frac{a\,b\,f\,m}{b\,k} = \frac{a\,f\,m}{k}$

3º $\frac{3\,(a + b)}{5\,m\,(a + b)} = \frac{3}{5\,m}$

84.- OBSERVACION. Es muy importante aplicar correctamente este teorema para no cometer errores, sobre todo cuando es necesario conocer el valor de la resta de la división.

Por ejemplo; si se van a repartir 145000 paquetes entre 35000 personas, se efectúa la división 145000 / 35000. Pero como la división es más sencilla si se divide dividendo y divisor por 1000, se tiene:

$$145/35 \qquad \begin{array}{r|l} & 4 \\ 35 & 145 \\ & 5 \end{array}$$

y el número de paquetes que sobra es;

5 x 1000 = 5000 paquetes, y no 5 paquetes.

Además, la prueba de la división que se ejecutó es, 145 = 35 x 4 + 5, pero la prueba que necesariamente debe hacerse, es la de la división original la cual es,

145000 = 35000 x 4 + 5000

CONVERSIÓN DE UNA SUMA EN UN PRODUCTO DE DOS FACTORES

85.- **TEOREMA.** Para convertir una suma en un producto de dos factores, uno de los cuales es conocido, se divide la suma entre dicho factor, y el cociente, multiplicado por el factor conocido, es el producto que se busca.

Ejemplo:

De la suma 30 + 55 + 45 + 5 y el número conocido 5, se obtiene

$$\frac{30+55+45+5}{5} = \frac{30}{5} + \frac{55}{5} + \frac{45}{5} + \frac{5}{5}$$

$= 6 + 11 + 9 + 1$

$\therefore \quad 30 + 55 + 45 + 5 = 5\,(6 + 11 + 9 + 1)$

Demostración

Sea la suma $a\,m + b\,m + c\,m$ y el factor conocido "m". Se tiene según el teorema (79)

$$\frac{a\,m + b\,m + c\,m}{m} = \frac{a\,m}{m} + \frac{b\,m}{m} + \frac{c\,m}{m} \qquad \text{y por (81)}$$

$$= a + b + c \qquad \text{y por (60)}$$

$$a\,m + b\,m + c\,m = m\,(a + b + c) \qquad \text{L.Q.Q.D.}$$

Esta forma de conversión es conveniente cuando los sumandos de la suma por convertir, tiene uno o varios factores comunes.

Así, en la suma $b\,c\,k\,m + b\,c\,m + b\,m\,n$ se observa que el producto $b\,m$ es común, luego

$$\frac{b\,c\,k\,m + b\,c\,m + b\,m\,n}{b\,m} = \frac{b\,c\,k\,m}{b\,m} + \frac{b\,c\,m}{b\,m} + \frac{b\,m\,n}{b\,m}$$

$= c\,k + c + n$

$\therefore \quad b\,c\,k\,m + b\,c\,m + b\,m\,n = b\,m\,(c\,k + c + n)$

En la práctica generalmente se deduce por inspección el factor común o el producto de factores comunes y se dice, por ejemplo para este caso:

b m que multiplica a: escribiendo b m (y dentro del paréntesis, todos los "cocientes-sumandos" que resulten.

Así, en $m\,x + b\,x + x$ se tiene:

$$m\,x + b\,x + x = x\,(m + b + 1)$$

86.- CONSECUENCIA. En una suma en la que uno o varios sumandos no contienen a un factor o a un producto de varios factores que conviene aparezcan en la conversión, se dejan indicadas las divisiones en los sumandos respectivos.

Ejemplo:

$$a\,b\,k + b\,k + a\,b\,k\,m + 1 = a\,b\left(k + \frac{k}{a} + k\,m + \frac{1}{a\,b}\right)$$

87.- SACAR UN FACTOR COMUN. La conversión de una suma en un producto de dos factores, esencialmente equivale a sacar un factor de la suma y por lo mismo, dicha conversión en matemáticas se le conoce como la operación de, "SACAR UN FACTOR COMUN".

CONVERSION DE UNA SUBSTRACCION EN UN PRODUCTO DE DOS FACTORES

88.- **TEOREMA.** Para convertir una substracción en un producto de dos factores, de los cuales uno es conocido, se divide la substracción entre dicho factor y el cociente multiplicado por el factor conocido, es el producto que se busca.

Demostración

Sea la resta $a\,b - a\,m$ y el factor conocido "a". Se tiene según el teorema (80)

$$\frac{a\,b - a\,m}{a} = \frac{a\,b}{a} - \frac{a\,m}{a} \qquad \text{y por (81)}$$

$$= b - m \qquad \text{y por (60)}$$

$$a\,b - a\,m = a\,(b - m)$$

L.Q.Q.D.

Observación

Los números 86 y 87 son aplicables, a la conversión de una substracción en un producto de dos factores, claro está, haciendo las referencias respectivas a la substracción.

Ejemplo:

Si en $b\,m - 2$ conviene que el factor conocido sea b, se tiene:

$$b\,m - 2 = b\left(m - \frac{2}{b}\right)$$

CAPITULO 4

POTENCIAS DE LOS NÚMEROS

89.- POTENCIA de un número es el producto que se obtiene de tomarlo una o varias veces como factor.
En los productos

3 x 1 = 3
3 x 3 = 9
3 x 3 x 3 x 3 = 81
3 x 3 x 3 x 3 x 3 = 243,
3, 9, 81 y 243 son potencias del número 3.

90.-GRADO DE UNA POTENCIA es el número de veces que se toma un número como factor.

La potencia de primer grado de un número, es el número mismo.

La potencia de segundo grado o cuadrado, es el producto de dos factores iguales al número.

La potencia de tercer grado o cubo, es el producto de tres factores iguales al número.

En general, la potencia de enésimo grado, es el producto de "n" factores iguales al número.

91.- EXPONENTE. Convencionalmente y por sencillez en la escritura, el grado de una potencia se indica por medio de un pequeño número llamado exponente que se coloca a la derecha y arriba del número cuya potencia se va a representar. Se tiene entonces:

$b = b^1$ que se lee, "b" elevada a la primera potencia.

b^2 que se lee, "b" elevada a la segunda potencia, "b" al cuadrado, o "b" cuadrada.

b^3 que se lee, "b" elevada a la tercera potencia, "b" al cubo, o "b" cúbica.
b^4 que se lee simplemente "b" a la cuarta, o "b" cuarta. y en general,
b^n que se lee "b" a la enésima.

POTENCIAS DE 10

92.- Cualquier potencia entera de 10, es igual a la unidad seguida de un número de ceros, igual al valor del exponente de la potencia.

Ejemplos:

$10^1 = 10$
$10^2 = 100$
$10^3 = 1000$
$10^4 = 10000$ … etc.

93.- **TEOREMA.** Para multiplicar dos potencias de un mismo número, basta darle al número un exponente igual a la suma de los exponentes de las potencias.

Ejemplos:

$5^3 \times 5^4 = 5^{3+4}$
$= 5^7$
$a^n a^r = a^{n+r}$

Demostración

Sea el producto $b^m b^n$

Para el significado de exponente,

b^m es un producto de "m" factores iguales a "b"
y b^n es un producto de "n" factores iguales a "b"

Ahora bien, multiplicando el primer producto de "m" factores por el segundo producto de "n" factores, se obtiene según (71) un solo producto con todos los factores, es decir, con (m + n) factores iguales a "b", los cuales se pueden representar en la forma b^{m+n}. Consecuentemente,

$b^m b^n = b^{m+n}$ L.Q.Q.D.

Consecuencias

94.- Primera. Cualquier potencia de un número se puede descomponer en un producto de varias potencias del mismo número cuya suma de sus exponentes sea igual al exponente de la potencia dada.

Ejemplos:
$5^6 = 5^2 \times 5^3 \times 5$
$a^5 = a^3\, a^2$

95.- Segunda. Para multiplicar varias potencias de un mismo número, basta darle al número un exponente igual a la suma de los exponentes de todas las potencias.

Ejemplos:
$a^2\, a^5\, a^7 = a^{14}$
$b^n\, b^n\, b^n\, b^n = b^{4n}$

96.- **TEOREMA.** Para elevar la potencia de un número a otra potencia, bastará darle al número un exponente igual al producto de los exponentes.

Ejemplos:
$(12^2)^7 = 12^{2x7}$
$= 12^{14}$
$(a^m)^k = a^{km}$

Demostración
Sea la potencia b^m elevada a la potencia "n", es decir, $(b^m)^n$.
Por el significado del exponente "n", se tiene:
$(b^m)^n = b^m\, b^m\, b^m \ldots$ (Hasta "n" factores iguales a b^m).
y según el número (95), la suma de los exponentes "m" de los "n" factores b^m, es igual a m n. Consecuentemente,
$(b^m)^n = b^{mn}$ L.Q.Q.D.
Observación
$(b^m)^n = (b^n)^m$ pues en ambos casos el resultado es b^{mn}
Así, $(2^3)^2 = 64$ $(2^2)^3 = 64$ y $2^6 = 64$

97.- **TEOREMA.** Para elevar un producto de varios factores a una potencia, se eleva cada uno de los factores a dicha potencia y se forma un producto con las potencias obtenidas.

Ejemplos:
$(2 \times 3^2 \times 8)^3 = 2^3 \times 3^6 \times 8^3$
$(a^2\, b\, c^5)^4 = a^8\, b^4\, c^{20}$
Demostración
Sea el producto $(b\, c^5\, d^2)^m$
Por el significado del exponente "m",
$(b\, c^5\, d^2)^m = (b\, c^5\, d^2)\,(b\, c^5\, d^2)$ … Hasta "m" factores iguales a $(b\, c^5\, d^2)$.

Ahora bien, de acuerdo con los números (70) y (71) el resultado de la multiplicación contendrá evidentemente: "m" factores iguales a "b", o b^m; "m" factores iguales a c^5, o $(c^5)^m$, y "m" factores iguales a d^2 o $(d^2)^m$.

En consecuencia,
$(b\, c^5\, d^2)^m = b^m\, (c^5)^m\, (d^2)^m$ L.Q.Q.D.

98.- **TEOREMA.** Para dividir una potencia mayor, entre otra potencia menor de un mismo numero, basta darle al número un exponente igual al exponente del dividendo menos el exponente del divisor.

Ejemplos:

$$\frac{3^7}{3^5} = 3^{7-5}$$

$$= 3^2$$

Si $k > p$, $\frac{a^k}{a^p} = a^{k-p}$

Demostración

Sea la división $\frac{b^m}{b^n}$ en la que $m > n$

Puesto que $m > n$, su diferencia "d" tiene por valor,
$m - n = d$ y por (46)
$m = d + n$
Substituyendo este valor en la división dada, se tiene:

$\frac{b^m}{b^n} = \frac{b^{d+n}}{b^n}$ y por (94)

$=\frac{b^d\ b^n}{b^n}$ y por (83)

$= b^d$ y substituyendo el valor de "d",

$= b^{m-n}$

$\therefore \frac{b^m}{b^n}=b^{m-n}$ L.Q.Q.D.

99.- **TEOREMA.** Toda expresión elevada a la potencia cero, tiene un valor igual a la unidad.

Ejemplos:
$125^0 = 1$
$(a + b^2)^0 = 1$
Demostración

Se sabe que $\frac{a^n}{a^n}=1$ (1)

y también por (98)

$\frac{a^n}{a^n}=a^{n-n}$ ó

$\frac{a^n}{a^n}=a^0$ (2)

Ahora bien, si los primeros miembros de las igualdades (1) y (2) son iguales, los valores de los segundos miembros también lo serán, luego

$a^0 = 1$ L.Q.Q.D.

100.- **TEOREMA.** El cociente de una potencia menor entre una potencia mayor, de un mismo número, es igual a la unidad dividida por el número elevado a una potencia igual a la diferencia aritmética de los exponentes de las potencias.

Ejemplos:

$$\frac{25^3}{25^7} = \frac{1}{25^{7-3}}$$

$$= \frac{1}{25^4}$$

$$\frac{m^2}{m^3} = \frac{1}{m^{3-2}}$$

$$= \frac{1}{m}$$

Demostración

Sea la división $\frac{b^m}{b^n}$ en la que $n>m$

Ya que $n > m$, la diferencia aritmética (40) es $n - m$.

Dividiendo dividendo y divisor (82) por b^m resulta

$$\frac{b^m/b^m}{b^n/b^m} = \frac{1}{b^n/b^m} \quad \text{o también (98)} \quad \frac{1}{b^{n-m}}$$

$$\therefore \frac{b^m}{b^n} = \frac{1}{b^{n-m}}$$ L.Q.Q.D.

CAPITULO 5

IGUALDADES

Con los conocimientos hasta aquí adquiridos, ya es posible abordar el estudio de las igualdades.

Las igualdades constituyen una de las partes fundamentales de las matemáticas.

No obstante que ya se han expuesto algunos conceptos sobre las igualdades, es conveniente, aunque haya repeticiones, que su estudio completo esté comprendido en el presente capítulo.

PRELIMINARES

101.- TERMINOS DE UNA EXPRESION. Todo número, producto indicado o cociente indicado, que son sumandos o substraendos de una expresión, son términos de la misma.

La expresión $a^2-5b^3+\frac{2a^2b}{m+1}+8(m-k)$ consta de los cuatro términos siguientes:

El número a^2, sumando.

El producto indicado $5\,b^3$, substraendo.

El cociente indicado $\frac{2a^2b}{m+1}$, sumando y

El producto indicado $8\,(m-k)$, sumando.

102.- TERMINOS OPUESTOS DE UNA EXPRESION, son dos términos iguales siendo uno sumando y el otro substraendo.

Es evidente que dos términos opuestos que pertenecen a una misma expresión se convierten en cero, es decir, se cancelan.

La expresión $2\ a^3 - 12\ k\ n^3 + m^2 + 3\ b - m^2$ consta de cinco términos de los cuales $+ m^2$ y $- m^2$ son opuestos y por lo mismo la expresión se convierte en, $2\ a^3 - 12\ k\ n^3 + 3\ b$

103.-SUBINDICE. Es un pequeño número o letra que se coloca abajo y a la derecha de una letra para distinguirla de otra letra igual, pero que representan valores diferentes.

Así, se pueden representar:

Dividendos "D" de diferente valor, por D_1, D_2, D_3 … etc. o por D_a, D_b, D_c … etc.

Sumandos "S" de diferente valor, por S_1, S_2, S_3 … etc. o por S_a, S_q, S_m … etc.

Expresiones matemáticas de diferente valor, por E_1, E_{10}, E_{12} … etc. o por E_p, E_q, E_a … etc.

Una letra con subíndice, por ejemplo a_3 se lee "a subíndice, o simplemente y por costumbre, a índice 3".

104.- EXPRESIONES IGUALES, son expresiones que tienen las mismas operaciones, números y literales iguales y son del mismo valor, es decir, son "idénticas".

Así la expresión $2\ a + b^2$ es igual a la expresión $2\ a + b^2$.

105.- EXPRESIONES EQUIVALENTES. Dos o más expresiones que son diferentes pero que tienen el mismo valor, son "equivalentes".

Si $a^2 + b = R$ y $m\ n^3 = R$, $m\ n^3$ es una expresión equivalente de la expresión $a^2 + b$ y viceversa.

Por lo tanto según (21), $a^2 + b = m\ n^3$

106.- AXIOMA. Si con expresiones diferentes se ejecutan las mismas operaciones, que con sus respectivas expresiones equivalentes, los resultados son del mismo valor.

Ejemplos:

Suponiendo que se tienen las siguientes expresiones y sus respectivas expresiones equivalentes

$b^3 + 1$ equivalente de $12 - k$

$m^2 n$ equivalente de $a + b$

y $d + k$ equivalente de $a^2 b$,

se pueden formar, por ejemplo, las siguientes igualdades:

1. $b^3 + 1 + m^2 n = 12 - k + a + b$

   $(a - b)\, a^2 b = m^2 n\, (d + k)$

2. $(m^2 n)\,(a^2 b) = (a + b)\,(d + k)$

3. $15\,(b^3 + 1) = 15\,(12 - k)$

4. $$\frac{a^2\, b}{b^3 + 1} + 17 = \frac{d+k}{12-k} + 17$$

5. $$\frac{m^2\, n - (b^3+1)}{8\,(a^3 - 1)} = \frac{a+b-(12-k)}{8\,(a^3-1)}$$ ... etc.

Observación

Ya que los valores de las expresiones se representan generalmente por medio de un número o de una letra, y sin perder de vista esta modalidad, el axioma se puede enunciar como sigue:

Si con números diferentes se ejecutan las mismas operaciones que con otros números respectivamente iguales a los primeros, los resultados son iguales.

DEFINICIONES

107.- IGUALDAD es la indicación de que dos expresiones diferentes, tienen el mismo valor.

108.- SIGNO DE IGUALDAD. La igualdad entre los valores de dos expresiones diferentes, se indica colocando entre ellas el signo = que se lee "igual a".

Si la expresión $2 + k + R$ tiene el mismo valor que la expresión $6 (a^2 + b)$, esto se indica por medio de la igualdad

$$2 + k + R = 6 (a^2 + b)$$

109.- PRIMER MIEMBRO de una igualdad es la expresión colocada a la izquierda del signo =

110.- SEGUNDO MIEMBRO de una igualdad es la expresión colocada a la derecha del signo =

PROPIEDADES DE LAS IGUALDADES

Antes de enunciar las propiedades de las igualdades, es preciso tener presente las dos cuestiones siguientes.

111.- Primera. Una "expresión matemática" o como se le ha venido llamando simplemente "expresión", puede estar constituida: por varios términos (101); por una letra, o por un número.

112.- Segunda. Cuando los miembros de una igualdad se alteran por medio de cualquier operación y los resultados obtenidos tienen el mismo valor, con estos valores se puede formar una nueva igualdad y entonces se dice que "permanece la igualdad de valores", o simplemente que "LA IGUALDAD SUBSISTE".

De la definición de igualdad (107) de la aplicación del axioma (106) y teniendo presente el contenido de los números (111) y (112), se deducen las siguientes propiedades de las igualdades.

113.- Los miembros de una igualdad son expresiones equivalentes.

114.- La diferencia entre los dos miembros de una igualdad, es igual a cero.

Ejemplo:

De $a+b^2-3m=k+\frac{m-1}{2}$,

$$a+b^2-3m-\left(k+\frac{m-1}{2}\right)=0$$

115.- El cociente de los miembros de una igualdad es igual a la unidad.

Ejemplo:
De $2\ a^2 + b - c = 3\ b^3 - 6$

$$\frac{2\ a^2+b-c}{3\ b^3-6}=1 \quad \text{ó} \quad \frac{3\ b^3-6}{2\ a^2+b-c}=1$$

116.- En una igualdad, el primer miembro puede hacer las veces de segundo y el segundo de primero.

Ejemplo:

De $m^2-2=\frac{b+c}{5}$, $\frac{b+c}{5}=m^2-2$

117.-Si a ambos miembros de una igualdad se les suma o se les resta una misma expresión, la igualdad subsiste.

Ejemplos:
Si a ambos miembros de la igualdad $a^2\ b + 15 = b\ m - c$ se les suma la expresión $6\ b^2 + f$, la igualdad subsiste en la forma

$$a^2\ b + 15 + 6\ b^2 + f = b\ m - c + 6\ b^2 + f$$

Si a ambos miembros de la igualdad $a^2 + b = c$ se les resta 35, la igualdad subsiste en la forma $a^2 + b - 35 = c - 35$

118.- Si a ambos miembros de una igualdad se les multiplica o divide por una misma expresión, la igualdad subsiste

Ejemplos:

Si a ambos miembros de la igualdad $a\ b^2-c+\frac{3}{k}=d\ f+g$ se les multiplica por $(m - n)$, la igualdad subsiste en la forma:

$$\left(a\ b^2-c+\frac{3}{k}\right)\ (m-n)=(d\ f+g)\ (m-n)$$

Si a ambos miembros de la igualdad $m^2 + 2 = b - c^2 + k$ se les divide por $a\ b + c$ la igualdad subsiste en la forma:

$$\frac{m^2+2}{a\ b+c}=\frac{b-c^2+k}{a\ b+c}$$

OPERACIONES MIEMBRO A MIEMBRO DE VARIAS IGUALDADES

119.- Operar miembro a miembro dos o más igualdades, es ejecutar las mismas operaciones y en el mismo orden, tanto con los primeros miembros como con los segundos.

Al operar de este modo, se obtienen los mismos resultados de acuerdo con los números 117 y 118.

Ejemplos:

Sean las igualdades

$15\ a + b^2\ c = m^2 - 1$ (1)

$3\ m - 1 = a^2\ b + 6\ d$ (2)

1.- Si se suman miembro a miembro, resulta que a ambos miembros de la igualdad (1) se les ha sumado el mismo valor que tienen $3\ m - 1$ y $a^2\ b + 6\ d$, luego según (117)

$$15\ a + b^2\ c + 3\ m - 1 = m^2 - 1 + a^2\ b + 6\ d$$

2.- Si se restan miembro a miembro, la (2) de la (1) según (117)

$$15\ a + b^2\ c - (3\ m - 1) = m^2 - 1 - (a^2\ b + 6\ d)$$

o también, si se resta la (1) de la (2)

$$3\ m - 1 - (15\ a + b^2\ c) = a^2\ b + 6\ d - (m^2 - 1)$$

3.- Si se multiplican miembro a miembro, resulta según (118)

$$(15\ a + b^2\ c)\ (3\ m - 1) = (m^2 - 1)\ (a^2\ b + 6\ d)$$

4.-Si se dividen miembro a miembro la (1) entre la (2) se obtiene según (118)

$$\frac{15a+b^2c}{3\ m-1}=\frac{m^2-1}{a^2b+6d}$$

o también, si se divide miembro a miembro la (2) entre la (1)

$$\frac{3m-1}{15a+b^2c}=\frac{a^2b+6d}{m^2-1}$$

Observaciones

Primera. Con tres o más igualdades se puede operar con ellas miembro a miembro en forma semejante, pero siempre que las operaciones se ejecuten en el mismo orden.

Segunda. Las operaciones miembro a miembro de varias igualdades tienen numerosas aplicaciones en matemáticas.

TRASPOSICION DE LOS TERMINOS DE UNA IGUALDAD

La trasposición de los términos de una igualdad es la operación que tiene por objeto pasar cualquier término de un miembro al otro, subsistiendo la igualdad.

120.- **TEOREMA.** Cualquier término de una igualdad puede pasar de un miembro al otro, transformando dicho término a substraendo si es sumando, o a sumando si es substraendo, subsistiendo la igualdad.

Ejemplos:

La igualdad $6\,a+b^2-\frac{c}{d^2}=g^3+5$ subsiste si se ejecutan las siguientes trasposiciones.

$$6\,a+b^2=g^3+5+\frac{c}{d^2}$$

$$6\,a=g^3+5-b^2+\frac{c}{d^2}$$

$$b^2-g^3=5-6\,a+\frac{c}{d^2}$$

$$g^3=6\,a+b^2-\frac{c}{d^2}-5 \text{ ... etc.}$$

Demostración

Sea la igualdad $15\,a-b\,c+\frac{d}{m+1}=a\,b-15$ (1)

1º. Si a ambos miembros se les resta el término $\frac{d}{m+1}$, según (117) resulta

$$15\,a-b\,c+\frac{d}{m+1}-\frac{d}{m+1}=a\,b-15-\frac{d}{m+1} \quad \text{y por (102)}$$

$15\,a-b\,c=a\,b-15-\frac{d}{m+1}$ luego el término $\frac{d}{m+1}$ ha pasado del primer miembro al segundo, transformado de sumando a substraendo, subsistiendo la igualdad.

2º. Si a ambos miembros de la igualdad (1) se les suma el término 15, según (117) resulta

$$15\,a-b\,c+\frac{d}{m+1}+15=a\,b-15+15 \quad \text{y por (102)}$$

$15\,a-b\,c+\frac{d}{m+1}+15=a\,b$ luego el término 15 ha pasado del segundo miembro al primero, transformado de substraendo a minuendo, subsistiendo la igualdad. L.Q.Q.D.

TRASPOSICION DE LOS FACTORES Y LOS DIVISORES DE LOS MIEMBROS DE UNA IGUALDAD

121.- Cuando un miembro de una igualdad es un producto de varios factores, cada uno de los factores es un FACTOR DE TODO EL MIEMBRO de la igualdad.

En la igualdad

$d\,f\left(12c+\frac{m^2}{4}\right)=a^2-2a^3b^3$ cada uno de los factores "d", "f" y $\left(12c+\frac{m^2}{4}\right)$

es FACTOR DE TODO EL PRIMER MIEMBRO.

Los factores “12” y “c”, son factores del primer miembro, pero no son “factores de todo el primer miembro”.

Así mismo los factores 2, a^3 y b^3 son factores del segundo miembro, pero no son "factores de todo el segundo miembro".

122.- Cualquier expresión que es uno de los miembros de una igualdad, puede ser "factor de todo el miembro" si se convierte en un factor multiplicado por la unidad.

En la igualdad $b + 2c = d^2 + 1$, $b + 2c$ se convertirá en "factor de todo el primer miembro" si se pone en la forma

$$1 (b + 2c) = d^2 + 1$$

123.- Cuando un miembro de una igualdad es un cociente indicado, el divisor es un DIVISOR DE TODO EL MIEMBRO de la igualdad.

Así, en $\frac{2m^2+k}{a^2+b} = \frac{12}{c} - m$, $a^2 + b$ es DIVISOR DE TODO EL PRIMER MIEMBRO y sin embargo "c" que es divisor del segundo miembro, no es "divisor de todo el segundo miembro".

124.- **TEOREMA.** En una igualdad, un FACTOR DE TODO UN MIEMBRO puede pasar al otro miembro como DIVISOR DE TODO EL OTRO MIEMBRO y viceversa, un DIVISOR DE TODO UN MIEMBRO como FACTOR DE TODO EL OTRO MIEMBRO, subsistiendo la igualdad.

Ejemplos:

En las igualdades siguientes se pueden efectuar las trasposiciones de factores y divisores indicadas.

1° De $m (a + b) = k + 1$ se obtiene:

$$m = \frac{k+1}{a+b}$$

$$a + b = \frac{k+1}{m}$$

$$\frac{m(a+b)}{k+1} = 1 \text{(véase el número 122)}$$

2° De $a\,x = b + 2$ se obtiene:

$$x=\frac{b+2}{a}$$

$$a=\frac{b+2}{x}$$

$$\frac{b+2}{ax}=1\left(\text{véase el número 122}\right)$$

3° De $\frac{a+b^2}{m}=\frac{k}{2}$ se obtiene:

$$2\frac{a+b^2}{m}=k$$

$$2\,(a + b^2) = m\,k$$

$$a+b^2=\frac{k}{2}m$$

Demostración

1°.- Sea la igualdad

$a^2\,(b + c) = 12\,r - d$

Aplicando la propiedad del número (118) se tiene dividiendo ambos miembros por $b + c$

$$\frac{a^2(b+c)}{b+c}=\frac{12r-d}{b+c} \quad \text{y por } (83)$$

$a^2=\frac{12r-d}{b+c}$ luego $(b + c)$ que era FACTOR DE TODO EL PRIMER MIEMBRO,

pasó como DIVISOR DE TODO EL SEGUNDO MIEMBRO subsistiendo la igualdad.

2°.- Sea la igualdad

$$\frac{a-r^2}{m+2}=2b^2$$

Aplicando la misma propiedad (118) se tiene multiplicando ambos miembros por (m + 2)

$\frac{a-r^2}{m+2}(m+2)=2\,b^2(m+2)$ y como la expresión a – r^2 se divide y se multiplica por (m + 2), resulta,

$a - r^2 = 2\ b^2\ (m + 2)$ luego (m + 2) que era DIVISOR DE TODO EL PRIMER MIEMBRO, pasó como FACTOR DE TODO EL SEGUNDO MIEMBRO, subsistiendo la igualdad. L.Q.Q.D.

DESPEJE DE UNA LITERAL EN UNA IGUALDAD

125.- Despejar una literal en una igualdad, es la operación que tiene por objeto dejar sola en uno de los miembros a dicha literal.

Siendo la literal despejada uno de los miembros de la igualdad, el valor del otro miembro será el valor de la literal.

Para despejar literales, se utilizan algunos teoremas y conocimientos antes adquiridos, según sea el caso.

Ejemplos:

1° De $5\ a + 50 = 4\ a + 56$ despejar "a"

De (120) $5\ a - 4\ a = 56 - 50$ y ejecutando operaciones

$$a = 6$$

2° De $7\ (a - 18) = 3\ (a - 14)$ despejar "a"

Por el número (78),

$7\ a - 7 \times 18 = 3\ a - 3 \times 14$ y por (68)

$7\ a - 126 = 3\ a - 42$ y por (120)

$7\ a - 3\ a = 126 - 42$ ó

$4\ a = 84$ y por (124)

$$a=\frac{84}{4}$$

$$\therefore\ a = 21$$

3° De $\frac{5m-5}{m+1}=3$ despejar "m"

Según (124)

5 m – 5 = 3 (m + 1) y por (76)
5 m – 5 = 3 m + 3 y por (120)
5 m – 3 m = 3 + 5 ó
2 m = 8 y por (124)

$$m=\frac{8}{2}$$

∴ m = 4

4° De 9 (x + 1) – 38 = 7 (x – 3) despejar "x"

9 x + 9 – 38 = 7 x – 21
9 x – 7 x = 38 – 9 – 21
2 x = 8

$$x=\frac{8}{2}$$

∴ x = 4

5° De $\frac{x}{a}+\frac{x}{b}=c$ despejar "x"

Multiplicando ambos miembros por "a"

$\frac{x}{a}a+\frac{x}{b}a=a\,c$ ó

$x+\frac{x}{b}a=a\,c$ ya que x ha sido multiplicado y dividido por el mismo número "a"

Multiplicando ambos miembros por "b"

$b\,x+\frac{x}{b}a\,b=a\,b\,c$ ó

b x + a x = a b c

Sacando a "x" como factor común según (85)

x (b + a) = a b c

∴ $x=\frac{a\,b\,c}{a+b}$

CAPITULO 6

DIVISIBILIDAD

126.- Un número "N" es divisible por otro número "d", cuando la división de "N" entre "d" es una división exacta.

Entonces, con los números "N", "d", y el cociente "c" que resulte, se establece la igualdad siguiente, que tiene la forma de la igualdad fundamental de la división exacta. (60)
$N = d\,c$

$$\therefore \quad \frac{N}{d} = c$$

El número 35 es divisible por 7, porque 35/7 = 5 y consecuentemente 35 = 7 x 5
Consecuencias

127.- Primera. Todo número es divisible por sí mismo y por la unidad.

128.- Segunda. Un producto de varios factores es divisible por cada uno de sus factores o por el producto de 2 o más de ellos.

Del producto de varios factores 5 x 2 x 7 x 4 = 280 se tiene por ejemplo:

$$\frac{280}{7} = 5 \times 2 \times 4$$

$$= 40$$

$$\frac{280}{5 \times 2} = 7 \times 4$$

$$= 28$$

$$\frac{280}{2 \times 7 \times 4} = 5$$

129.-Tercera. Los múltiplos de un número son divisibles por dicho número.

340, 60, 14530 y 480 son divisibles por 10, por ser múltiplos de 10.
8, 12, 16 y 24 son divisibles por 4, por ser múltiplos de 4.

130.- DIVISOR. Un número "d" es divisor de otro número "N" cuando la división de "N" entre "d" es exacta.

Como en el número (126) se tiene que $N = d\,c$

$$\therefore \quad \frac{N}{d} = c$$

El número 8 es divisor del número 48 porque 48/8 = 6 y por lo mismo 48 = 8 x 6

Consecuencias

131.- Primera. Los factores de un producto de varios factores son divisores de dicho producto.

Los factores 3, 7 y 4 del producto 3 x 7 x 4 = 84 son divisores de dicho producto puesto que, 84/7 = 12 84/3 = 28 y 84/4 = 21.

131 A.- Segunda. Un número es divisor de sus múltiplos.

132.- CIFRA PAR es aquella que admite como divisor a 2. Son cifras pares, 2, 4, 6 y 8.

133.- CIFRA IMPAR es aquella que no admite como divisor a 2. Son cifras impares 1, 3, 5, 7 y 9.

134.- CARACTERES DE DIVISIBILIDAD. Para investigar si un número es divisible por otro, bastará ejecutar una división. Esta división, en los casos más usuales, puede evitarse mediante la aplicación de principios que se establecen valiéndose de las características especiales de los números. Estas características reciben el nombre de CARACTERES DE DIVISIBILIDAD.

Los caracteres de divisibilidad más usuales son por: 2, 3, 4, 5, 9 y 10^n

TEOREMAS FUNDAMENTALES

En lo que sigue se conviene en representar a cualquier múltiplo de un número "n" por (M, n).

Así, como 6 x 2 = 12, 12 = (M, 6) y también 12 = (M, 2)

Análogamente, como 11 x 9 = 99, 99 = (M, 11) y 99 = (M, 9)

Ahora bien, si A = (M, n) y se multiplica el múltiplo "A" por cualquier número entero "q" el producto A q seguirá siendo múltiplo de "n", es decir, A q = (M, n).

Obsérvese que los elementos de la expresión convencional (M, n) son inseparables y por lo mismo no se puede suprimir el paréntesis ni operar separadamente con las literales M ó n.

135.- **TEOREMA.** Si un número "d" es divisor de los números A, B, y C es también divisor de la suma de estos.

Ejemplo:

2 es divisor de 30, 14, 28 y 6, y es también divisor de la suma 78 =30+14+28+6

Demostración

Sea el número "d" divisor de los números A, B y C.

Según (130) se tienen las igualdades siguientes, en las que aparecen los diferentes cocientes indicados c_1 c_2 c_3

$$A = d\,c_1 \qquad B = d\,c_2 \qquad C = d\,c_3$$

Sumando miembro a miembro (119) estas igualdades, resulta:

$A + B + C = d\,c_1 + d\,c_2 + d\,c_3$ y por (87)

$A + B + C = d\,(c_1 + c_2 + c_3)$ y según (131), "d" es divisor de $A + B + C$ L.Q.Q.D.

136.- **TEOREMA.** Un número entero mayor que 10, 100, 1000, … etc., es respectivamente igual a: un múltiplo de 10 más el valor relativo de su última cifra; un múltiplo de 100 más el valor relativo de sus dos últimas cifras; un múltiplo de 1000 más el valor relativo de sus tres últimas cifras … etc.

Ejemplos:

15 = (M, 10) + 5

416 = (M, 10) + 6

347 = (M, 100) + 47

13417 = (M, 100) + 17

Demostración

Sea el número 75436

De acuerdo con el número (7) el valor del número 75436 se puede expresar en las formas siguientes:

75436 = 75430 + 6 y utilizando el signo (M, n)

= (M, 10) + 6

75436 = 75400 + 36

= (M, 100) + 36

75436 = 75000 + 436

= (M, 1000) + 436 … etc. L.Q.Q.D.

137.- **TEOREMA.** Un número entero mayor que 10, es igual a un múltiplo de 9, más la suma de los valores absolutos de sus cifras.

Ejemplos:

543 = (M, 9) + 12

35879 = (M, 9) + 32

Demostración

Sea el número 4237.

Según (7) se puede descomponer en los valores de cada una de sus unidades y estas transformarlas como se indica a continuación:

4000 = 4 x 1000

= 4 (999 + 1) = 4 x 999 + 4 = (M, 9) + 4

∴ 4000 = (M, 9) + 4 (1)

200 = 2 x 100

= 2 (99 + 1)

∴ 200 = (M, 9) + 2 (2)

30 = 3 x 10

= 3 (9 + 1)

∴ 30 = (M, 9) + 3 (3)

7 = 7 (4)

Sumando miembro a miembro las igualdades (1), (2), (3) y (4) se tiene:

$4000 + 200 + 30 + 7 = 3\ (M, 9) + 4 + 2 + 3 + 7$

$\therefore\ 4237 = (M, 9) + 4 + 2 + 3 + 7$ L.Q.Q.D.

Aplicando los teoremas 135, 136 ó 137, según sea el caso, y algunos conceptos de divisibilidad, se determinan todos los caracteres de divisibilidad a que se refiere el número 134.

DIVISIBILIDAD POR 2

138.- **TEOREMA.** Un número es divisible por 2 cuando termina en cero o en cifra par.

Ejemplos:

$3470 / 2 = 1735$

$758 / 2 = 379$

Demostración

1° Sea "N" un número mayor que 10 y que termina en cero.

Si termina en cero, $N = (M,10)$ y como

$10 = (M, 2)$ resulta que $N = (M, 2)$.

2° Sea "P" un número mayor que 10 y "u" el valor de sus unidades simples.

Según (136), $P = (M, 10) + u$ o también $P = (M, 2) + u$ en donde P será divisible por 2, (135) cuando "u" sea cifra par. L.Q.Q.D.

Observación

Se llama número par al que es divisible por 2 y número impar al que no es divisible por 2.

DIVISIBILIDAD POR 3

139.- **TEOREMA.** Un número entero mayor que 10 es divisible por 3, cuando la suma de los valores absolutos de sus cifras es múltiplo de 3.

Ejemplos:

$846 / 3 = 282$

$1305 / 3 = 435$

Demostración

Sea "N" un número entero mayor que 10 y "S" la suma de los valores absolutos de sus cifras.

Por (137), N = (M, 9) + S y como 9 = (M, 3), N = (M, 3) + S en donde "N" será divisible por 3, cuando "S" sea múltiplo de 3, según el teorema (135). L.Q.Q.D.

DIVISIBILIDAD POR 4

140.- **TEOREMA.** Un número entero es divisible por 4 cuando sus dos últimas cifras sean ceros o formen un número múltiplo de 4.

Ejemplos:
35000 / 4 = 8750   1528 / 4 = 382
Demostración
1° Sea "N" un número entero que termina en dos ceros.
Como termina en dos ceros, N = (M, 100) y como 100 = (M, 4) según (136), resulta N = (M, 4).
2° Sea "P" un número entero y "q" el número formado por sus dos últimas cifras.
Según (136), P = (M, 100) + q y como 100 = (M, 4), P = (M, 4) + q en donde "N" será divisible por 4 según el número (135) cuando "q" sea múltiplo de 4.

L.Q.Q.D.

DIVISIBILIDAD POR 5

141.- **TEOREMA.** Un número entero es divisible por 5, cuando termina en cero o en 5.

Ejemplos:
290 / 5 = 58   3045 / 5 = 609
Demostración
1° Sea "N" un número que termina en 0.
Como termina en cero, N = (M, 10) y puesto que 10 = (M, 5), resulta que N = (M, 5).
2° Sea "P" un número entero y "u" su última cifra.
Por (136), P = (M, 10) + u y como 10 = (M, 5) resulta de esto que P = (M, 5) + u en donde "P" será divisible por 5, según (135), cuando "u" tenga un valor de 5. L.Q.Q.D.

DIVISIBILIDAD POR 9

142.- **TEOREMA.** Un número entero es divisible por 9 cuando la suma de los valores absolutos de sus cifras sea múltiplo de 9.

Ejemplos:
7245 / 9 = 805 36081 / 9 = 4009
Demostración
Sea "N" un número entero y "S" la suma de los valores absolutos de sus cifras.
Según (137) N = (M, 9) + S en donde, según el número (135), "N" será divisible por 9 cuando "S" sea múltiplo de 9. L.Q.Q.D.

DIVISIBILIDAD POR 10^n

143.- **TEOREMA.** Un número entero es divisible por 10^n, cuando termina en "n" ceros.

Sea por ejemplo el número 32 del cual se obtiene lo que sigue de acuerdo con la "práctica de la operación de multiplicar" y la aplicación del número (128).

$32 \times 10^1 = 320$ y 320 es divisible por 10^1
$32 \times 10^2 = 3200$ y 3200 es divisible por 10^2
$32 \times 10^3 = 32000$ y 32000 es divisible por 10^3
$32 \times 10^4 = 320000$ y 320000 es divisible por 10^4
y así sucesivamente, de lo cual se concluye que,
32×10^n = 32 con n ceros y 32 con n ceros es divisible por 10^n.
L.Q.Q.D.

CAPITULO 7

NUMEROS PRIMOS

144.- NUMERO PRIMO es todo número entero que solamente es divisible por sí mismo y por la unidad.

Por definición los números primos dígitos son: 2, 3, 5 y 7.
Consecuencias

145.- Primera. Los múltiplos de un número primo, no son números primos, excepto el primer número que es el mismo número primo (129).

146.- Segunda. Un producto de varios factores no es número primo (128).

147.- El número 1 no se considera número primo por tener como múltiplos a todos los números enteros.

148.- NUMEROS PRIMOS MENORES QUE 100. Para determinar los números primos menores que 100, se forma una tabla que contenga los números del 1 al 100, cuyos cuatro primeros renglones se muestran a continuación:

1	2	3	4	5	6	7	8	9	10
11	12	13	14	15	16	17	18	19	20
21	22	23	24	25	26	27	28	29	30
31	32	33	34	35	36	37	38	39	40

... etc.

La tabla puede simplificarse notablemente, aplicando los caracteres de divisibilidad suprimiendo las columnas 4ª, 6ª, 8ª y 10ª por tener números divisibles por 2 o sea, son múltiplos de 2; excepto el número primo 2, todos los números restantes de la segunda columna por ser múltiplos de 2 (138); excepto el número primo 5, todos los números restantes de la quinta columna por ser múltiplos de 5 (141); el número 1 de la primera columna (147). La tabla simplificada se muestra a continuación.

	2	3	5	7	9
11		13		17	19
21		23		27	29
31		33		37	39
41		43		47	49
51		53		57	59
61		63		67	69
71		73		77	79
81		83		87	89
91		93		97	99

En esta tabla simplificada se procede a suprimir los múltiplos de los números primos 3 y 7, puesto que los múltiplos de 2 y de 5 ya han sido suprimidos.

Excepto el número primo 3, se suprimen los múltiplos de 3 (139). Dichos múltiplos son 13.

Excepto el número primo 7, se eliminan los múltiplos de 7 empezando por el múltiplo $7 \times 7 = 49$ ya que los múltiplos 2×7, 3×7, 4×7, 5×7, y 6×7 ya han sido eliminados por ser múltiplos de 2, de 3, ó de 5. Análogamente, los múltiplos que hay que eliminar, superiores a 7×7, son $7 \times 11 = 77$ y $7 \times 13 = 91$.

El número primo que sigue a 7 es por definición (144) el número primo 11 cuyos múltiplos, de acuerdo con el mismo razonamiento anterior deben suprimirse a partir del múltiplo $11 \times 11 = 121$, valor que es mayor que 100 que es el límite de la tabla.

Con esto, los números restantes que son 25, son los números primos menores que 100. Estos son:

2, 3, 5, 7, 11, 13, 17, 19, 23, 29, 31, 37, 41, 43, 47, 53, 59, 61, 67, 71, 73, 79, 83, 89 y 97.

Consecuencia

149.- Todo número entero que no es número primo, es necesariamente múltiplo de un número primo.

DESCOMPOSICION DE UN NUMERO ENTERO EN SUS FACTORES PRIMOS

150.- Descomponer un número entero en sus factores primos, es la operación que tiene por objeto determinar los factores primos cuyo producto sea igual al número entero.

151.- **TEOREMA.** Un número entero que no es número primo es igual a un UNICO producto de factores primos.

Demostración

1° Sea "A" un número entero que no es número primo. Según (149) es un producto de un número primo por otro factor, que si no es número primo, es a su vez un producto de un número primo por otro número y así sucesivamente, hasta que al obtener factores cada vez menores, necesariamente debe resultar un producto final de dos números primos. Consecuentemente, cualquier número entero no primo es siempre un producto de factores primos.

2° Sea el número 110 del que se supone se puede descomponer en dos productos diferentes de factores primos; el primero que es el verdadero, es decir 2 x 5 x 11 = 110 y el segundo que es supuesto p q r = 110.

El supuesto factor primo "p", es divisor (131) del producto p q r y también debe ser divisor del producto 2 x 5 x 11. Esta última condición puede ser cumplida, solamente cuando "p" sea igual a 2, a 5 ó a 11, pues "p" no puede ser divisor de 2, 5, u 11, y por ser número primo tampoco puede ser divisor de cualquier producto que se obtenga con los factores 2, 5 u 11. En consecuencia hay un UNICO producto de factores primos para el número 110. L.Q.Q.D.

Consecuencia

152.- Los factores primos de un número entero que no es primo, son los mismos cualquiera que sea el orden en el que se les determine.

PRACTICA DE LA OPERACION

153.- Los factores primos se determinan aplicando los caracteres de divisibilidad o por división directa, procediendo ordenadamente y empezando por el divisor primo más pequeño. En las divisiones sucesivas que se ejecutan, un divisor primo puede aparecer varias veces.

Para facilitar las operaciones se escriben los divisores primos a la derecha de una recta vertical y a la izquierda y en el mismo renglón, los respectivos cocientes.

Ejemplos:

1° Descomponer en sus factores primos los números 1092, 450 y 1470.

Número	1092		450		1470	
1092 / 2	546	2	225	2	735	2
546 / 2	273	2	75	3	245	3
273 / 3	91	3	25	3	49	5
91 / 7	13	7	5	5	7	7
13 / 13	1	13	1	5	1	7

Por lo tanto los respectivos productos de factores primos son:

1092 = 2 x 2 x 3 x 7 x 13 450 = 2 x 3 x 3 x 5 x 5 1470 = 2 x 3 x 5 x 7 x 7

Claro está que estos productos (93) pueden ponerse en la forma

$1092 = 2^2 \times 3 \times 7 \times 13$ $450 = 2 \times 3^2 \times 5^2$ $1470 = 2 \times 3 \times 5 \times 7^2$

Pero téngase muy presente que $2^2 = 4$ $3^2 = 9$ $5^2 = 25$ y $7^2 = 49$ no son factores primos, sino potencias de factores primos.

Obsérvese que esta forma de disponer los cocientes de las divisiones sucesivas, queda terminada la operación cuando se encuentra un cociente igual a 1.

2° Descomponer en sus factores primos, el número 660 determinando dichos factores en cualquier orden.

660	
60	11
30	2
6	5
2	3
1	2

660	
132	5
12	11
4	3
2	2
1	2

660	
330	2
165	2
55	3
11	5
1	11

$\therefore \quad 660 = 2^2 \text{ x } 3 \text{ x } 5 \text{ x } 11$

CAPITULO 8

MAXIMO COMUN DIVISOR DE VARIOS NUMEROS

De acuerdo con los números (151) y (128), el total de divisores de un número entero que no es número primo está constituido por todos sus factores primos, mas todos los productos posibles de estos.

Comparando los divisores de varios números dados, pueden resultar divisores comunes a todos los números y evidentemente resultará un determinado divisor común, que es el de valor mayor.

154.- MAXIMO COMUN DIVISOR. Al divisor común mayor de varios números dados, se acostumbra llamarlo "MAXIMO COMUN DIVISOR".

155.- EXPRESION CONVENCIONAL. El máximo común divisor de los números A, B y C se expresa en la forma "m.c.d. (A, B, C)" que se lee máximo común divisor de A, B y C.

El máximo común divisor de dos o más números se determina aplicando el siguiente teorema.

156.- **TEOREMA.** El máximo común divisor de varios números dados, es igual al producto de las potencias menores de los factores primos comunes a todos los números dados.

Ejemplo:

Deducir el m.c.d. (840, 660, 980)

840		660		980	
420	2	330	2	490	2
210	2	165	2	245	2
105	2	55	3	49	5
35	3	11	5	9	7
7	5	1	11	1	7
1	7				

$840 = 2^3x3x5x7$ $660 = 2^2x3x5x11$ $980 = 2^2x5x7^2$

Los factores primos comunes a los tres números son 2 y 5, y las potencias menores de estos, son 2^2 y 5, luego

m.c.d. (840, 660, 980) $= 2^2 \text{ x } 5$
$= 20$

Demostración

Sean los números A, B y C que se han descompuesto en sus respectivos factores primos a, b, c, d, … etc., como sigue:

$A = a^2\, c^2\, d^3\, g$ $B = a\, b^2\, c^3\, d^2\, f$ $C = a^3\, b\, c^2\, d^2\, g$

Los factores primos b, g y f no son divisores de los tres números y por lo mismo no forman parte del máximo común divisor.

Los factores primos a c y d son divisores comunes de los tres números y las únicas potencias que dividen a los tres números son a, c^2 y d^2 que necesariamente deben ser las menores.

Por último, el mayor divisor común posible, es el producto a $c^2\, d^2$, ya que cada una de estas potencias o cualquier otro producto diferente que se obtenga con ellas, son menores que a $c^2\, d^2$.

Consecuentemente m.c.d. (A, B, C) = $a\, c^2\, d^2$ L.Q.Q.D.

Consecuencias

157.- Primera. El máximo común divisor de varios números no puede ser mayor que el menor de los números.

158.- Segunda. El máximo común divisor de un número y sus múltiplos es el mismo número.

159.- NUMEROS PRIMOS ENTRE SI, son dos números cualesquiera que tienen como máximo común divisor a la unidad.

10 y 21 30 y 77 35 y 66 son, cada dos de ellos, números primos entre sí.

OPERACION ABREVIADA PARA DEDUCIR EL MAXIMO COMUN DIVISOR DE VARIOS NUMEROS

160.- Con objeto de simplificar las operaciones, se descomponen simultáneamente todos los números utilizando una sola columna de factores primos. El máximo común divisor será el producto de los factores primos con los que se hayan obtenido cocientes para todos los números.

Cuando en algunos de los números no se obtenga cociente, se pone una raya, con lo que se advierte fácilmente que los factores primos comunes corresponden a los renglones completos.

Ejemplos:

1° Deducir el m.c.d. (210, 450, 330).

210	450	330	
105	225	165	2
35	75	55	3
--	25	--	3
7	5	11	5
--	1	--	5
1		--	7
		1	11

$\therefore$ m.c.d. (210, 450, 330) = 2 x 3 x 5
= 30

2° Deducir el m.c.d. (770, 825, 1925)

770	825	1925	
385	---	----	2
--	275	---	3
77	55	385	5
--	11	77	5
11	--	11	7
1	1	1	11

$\therefore$ m.c.d. (770, 825, 1925) = 5 x 11
= 55

CAPITULO 9

MINIMO COMUN MULTIPLO DE VARIOS NUMEROS

Los múltiplos (39) de los números 8 y 12, son, entre otros,
8, 16, 24, 32, 40, 48, 56, 64, 72, ... etc.
12, 24, 36, 48, 60, 72, ... etc.
De estos múltiplos son múltiplos comunes, 24, 48, 72, ... etc. y el múltiplo común menor es 24.

161.- MINIMO COMUN MULTIPLO. Al múltiplo común menor de varios números dados, se acostumbra llamarlo "MINIMO COMUN MULTIPLO".

162.- EXPRESION CONVENCIONAL. El mínimo común múltiplo de los números A, B y C se expresa en la forma "m.c.m. (A, B, C)" que se lee mínimo común múltiplo de A, B y C.

El mínimo común múltiplo de varios números se determina aplicando el teorema siguiente.

163.- **TEOREMA.** El mínimo común múltiplo de varios números dados, es igual al producto de las potencias mayores: de los factores primos comunes de todos los números, y las de los factores primos no comunes.

Ejemplo:

Deducir el m.c.m. (315, 165, 210)

315		165		210	
105	3	55	3	105	2
35	3	11	5	35	3
7	5	1	11	7	5
1	7			1	7

$315 = 3^2 \times 5 \times 7$ $\quad 165 = 3 \times 5 \times 11$ $\quad 210 = 2 \times 3 \times 5 \times 7$

Los factores primos comunes a todos los números son: 3, cuya potencia mayor es 3^2; y 5, cuya potencia mayor es 5.

Los factores primos no comunes a todos los números, son: 2, cuya potencia mayor es 2; 7, cuya potencia mayor es 7; y 11 cuya potencia mayor es 11.

Luego m.c.m. (315, 165, 210)= $3^2 \times 5 \times 2 \times 7 \times 11$

$= 6930$

Demostración

Un múltiplo (39) de varios números dados es igual al producto de ellos, y por consiguiente igual al producto de sus correspondientes factores primos.

Así, un múltiplo común de los números A, B y C que se suponen descompuestos en los factores primos siguientes,

$A = a^2\, b^3\, c\, d \qquad B = b\, c\, f^2 \qquad C = a\, b\, c\, g$ tiene por valor (71)

$A\, B\, C = a^2\, b^3\, c\, d\, b\, c\, f^2\, a\, b\, c\, g$

Este múltiplo común tiene la "propiedad fundamental" de contener, o lo que es lo mismo, "admite como divisores", a todos los factores primos y a todas las potencias de los factores primos que contienen los números dados. Sin embargo su valor puede reducirse al valor mínimo posible como sigue:

Para facilitar las explicaciones, los factores pueden agruparse (72) y (74) convenientemente y representar a cualquier múltiplo común de los números A, B y C, por M C (A, B, C), obteniéndose:

$$(b^3\, b\, b)\, (c\, c\, c)\, (a^2\, a)\, d\, f^2\, g$$

Puesto que el M.C. (A, B, C) admite como divisores a los factores del primer paréntesis, bastará con que admita como divisor solamente a la mayor potencia b^3, para que también sean admitidos los factores restantes. Luego el primer paréntesis se ha reducido a su más simple expresión, sin que se altere la "propiedad fundamental" del múltiplo común, aunque se haya reducido su valor.

Según esto, el segundo paréntesis se puede reducir a la potencia mayor "c" del factor primo común "c" de los tres números.

Así mismo, el tercer paréntesis puede reducirse a la mayor potencia a^2 del factor primo "a", no común de los tres números, pero necesario por ser un factor de A.

Por último, las potencias d, f^2 y g no se pueden reducir por ser divisores necesarios que debe contener el M.C. (A, B, C).

De acuerdo con lo anterior el M.C. (A, B, C) se ha convertido en el m.c.m. (A, B, C) cuyo valor es:

m.c.m. (A, B, C) $= b^3\ c\ a^2\ d\ f^2\ g$
$= a^2\ b^3\ c\ d\ f^2\ g$ L.Q.Q.D.

OPERACION ABREVIADA PARA DEDUCIR EL MINIMO COMUN MULTIPLO

164.- Descomponiendo simultáneamente en sus factores primos a todos los números dados, como se indicó en el número (160), el mínimo común múltiplo es igual al producto de todos los factores primos que resulten de la operación.

Ejemplo:

Deducir el m.c.m. (315, 165, 210) del ejemplo del número (163).

315	165	210	
--	--	105	2
105	55	35	3
35	--	--	3
7	11	7	5
1	--	1	7
	1		11

∴ m.c.m. (315, 165, 210)$= 2 \times 3^2 \times 5 \times 7 \times 11$
$= 6930$

CAPITULO 10

FRACCIONES

165.- Cuando se mide una cantidad continua que es solamente una parte de la magnitud unidad, es necesario dividir esta unidad en 2, 3, 5, 10, … etc. partes iguales para poder determinar a cuántas mitades, terceras, quintas, décimas, … etc. partes de unidad, es igual la magnitud que se mide.

Así por ejemplo, si para medir una cantidad continua menor que la magnitud unidad, ésta se divide en cinco partes iguales y el total de tres de ellas es igual a la cantidad medida, el valor de ésta es de tres quintos de la magnitud unidad.

166.- La expresión de esta clase de medidas consta de un número que indica el número de partes iguales en las que se dividió la magnitud unidad y un número que indica el número de partes iguales que se tomaron de dicha magnitud unidad.

167.- DENOMINADOR es el número que indica el número de partes iguales en las que se ha dividido la magnitud unidad.

168.- NUMERADOR es el número que indica el número de partes iguales que se han tomado de la magnitud unidad.

169.- EXPRESION CONVENCIONAL. El numerador se coloca sobre el denominador, separados por una pequeña raya horizontal. También se puede colocar el numerador y a continuación el denominador separados por una diagonal.

Ejemplos:

La medida tres quintos se expresa $\frac{3}{5}$ ó 3/5

La medida nueve décimos se expresa $\frac{9}{10}$ ó 9/10

La medida "a" partes que se han tomado de la unidad que se ha dividido en "n"

partes iguales se expresa $\frac{a}{n}$ ó a/n.

170.- FRACCION es el nombre de toda expresión que consta de un numerador y un denominador.

171.- TERMINOS DE UNA FRACCION es el nombre que también se les da al numerador y al denominador de una fracción.

PROPIEDADES DE LAS FRACCIONES

Basándose en las características muy especiales que tienen: el denominador, de indicar EL NUMERO DE PARTES IGUALES EN QUE SE HA DIVIDIDO LA MAGNITUD UNIDAD, y el numerador de indicar EL NUMERO DE PARTES IGUALES QUE SE IIAN TOMADO, se deducen fácilmente las siguientes propiedades de las fracciones.

172.- Primera. Si varias fracciones tienen igual denominador, la mayor es la que tiene mayor numerador.

Ejemplos:

$\frac{5}{7} > \frac{3}{7}$ $\qquad$ $\frac{12}{15} > \frac{9}{15}$

$\frac{a^2}{b\,m} > \frac{c^3}{b\,m}$, $\qquad$ si $a^2 > c^3$

173.- Segunda. Si varias fracciones tienen igual numerador, la mayor es la que tiene menor denominador.

Ejemplos:

$\frac{7}{5}>\frac{7}{9}$ $\frac{3}{4}>\frac{3}{8}$ $\frac{m^3}{2a}>\frac{m^3}{r}$, si $2a<r$

174.- Tercera. Si una fracción tiene sus términos de igual valor, la fracción tiene un valor igual a la unidad.

Ejemplos:

$\frac{5}{5}=1$ $\frac{75}{75}=1$ $\frac{a+b}{m^2}=1$, si $a+b=m^2$

175.- Cuarta. Si una fracción tiene su numerador mayor que su denominador, el valor de la fracción es mayor que la unidad.

Ejemplos:

$\frac{5}{3}>1$ $\frac{47}{42}>1$ $\frac{m^2}{a\,b}>1$, si $m^2>a\,b$

176.- Quinta. Si una fracción tiene un numerador que es múltiplo del denominador, el valor de la fracción es un número entero.

Ejemplos:

$\frac{12}{3}=4$ $\frac{21}{7}=3$ $\frac{125}{5}=25$

177.- Sexta. Un número es igual a una fracción que tiene por numerador al número y por denominador a la unidad.

Ejemplos:

$17=\frac{17}{1}$ $3=\frac{3}{1}$ $m=\frac{m}{1}$ $a^2\,b+5=\frac{a^2\,b+5}{1}$

178.- FRACCION PROPIA es toda fracción cuyo valor es menor que la unidad.

Ejemplos:

$\frac{20}{31}$ $\frac{3}{5}$ $\frac{7}{13}$

179.- FRACCION IMPROPIA es toda fracción cuyo valor es mayor que la unidad.

Ejemplos:

$\frac{7}{2}$ $\frac{9}{4}$ $\frac{25}{12}$

180.- FRACCION DECIMAL es toda fracción cuyo denominador es una potencia entera de 10.

Ejemplos:

$\frac{4}{10}$ $\frac{19}{1000}$ $\frac{3}{100}$ $\frac{a}{10^n}$, si n es un número entero.

181.- NUMERO MIXTO, que también se llama número fraccionario, es la suma de un entero más una fracción propia.

Ejemplos:

$2+\frac{3}{5}$, $19+\frac{21}{29}$, $4+\frac{5}{7}$

182.- **TEOREMA.** Si se multiplica el numerador de una fracción por 2, 3, 4, … etc., el valor de la fracción se hace respectivamente 2, 3, 4, … etc., veces mayor.

Ejemplos:

El valor de la fracción $\frac{3}{29}$ se hace 5 veces mayor en la forma $\frac{3 \times 5}{29} = \frac{15}{29}$

La fracción $\frac{a^2+b}{m+1}$ se hace n veces mayor en la forma $\frac{(a^2+b)\,n}{m+1}$

Demostración

Al multiplicar el numerador por 2, 3, 4, … etc., el número de partes iguales que se habían tomado de la unidad, se hace 2, 3, 4, … etc., veces mayor y consecuentemente el valor de la fracción se ha hecho 2, 3, 4, … etc. veces mayor. L.Q.Q.D.

Consecuencia

183.-Si se divide el numerador de una fracción por 2, 3, 4, … etc., el valor de la fracción se hace respectivamente 2, 3, 4, … etc., veces menor.

Ejemplos:

El valor de la fracción 8/15 se hace 2 veces menor en la forma $\frac{8/2}{15} = \frac{4}{15}$

El valor de la fracción $\frac{b+m^2}{a^3-6}$ se hace d + 5 veces menor en la forma $\frac{(b+m^2)/(d+5)}{a^3-6}$

184.- **TEOREMA.** Si se multiplica el denominador de una fracción por 2, 3, 4, … etc., el valor de la fracción se hace respectivamente 2, 3, 4, … etc., veces menor.

Ejemplos:

El valor de la fracción $\frac{1}{3}$ se hace 2 veces menor en la forma $\frac{1}{3 \times 2} = \frac{1}{6}$

La fracción $\frac{a^2+b}{c^3-6}$ se hace m + 1 veces menor en la forma $\frac{a^2+b}{(c^3-6)(m+1)}$

Demostración

Al multiplicar el denominador por 2, 3, 4, … etc., el número de partes iguales en las que se había dividido la unidad se hacen respectivamente 2, 3, 4, … etc., veces menores y como el numerador indica que se deben tomar de estas partes menores, el mismo número que se tomó en la fracción original, el valor de la fracción resultante es 2, 3, 4, … etc., veces menor. L.Q.Q.D.

Consecuencia

185.- Si se divide el denominador de una fracción por 2, 3, 4, … etc., el valor de la fracción se hace 2, 3, 4, … etc., veces mayor.

Ejemplos:

El valor de la fracción 3/10 se hace 2 veces mayor en la forma

$$\frac{3}{10/2}=\frac{3}{5}$$

La fracción a^2/b^3 se hace "b" veces mayor en la forma $\frac{a^2}{b^3/b}=\frac{a^2}{b^2}$

186.- **TEOREMA.** Si el numerador y el denominador de una fracción se multiplican o se dividen por un mismo número, el valor de la fracción no se altera.

Ejemplos:

La fracción 20/30 no se altera en su valor si se transforma en

$$\frac{20 \times 6}{30 \times 6}=\frac{120}{180} \text{ o en } \frac{20 \div 10}{30 \div 10}=\frac{2}{3}$$

La fracción $\frac{a^2b}{a\,m}=\frac{a^2b\div a}{a\,m\div a}$ también $\frac{b}{b^3}=\frac{b/b}{b^3/b}$

$$=\frac{a\,b}{m} \qquad\qquad =\frac{1}{b^2}$$

Demostración

Si el numerador de la fracción a/b se multiplica por "n" el valor de la fracción se hace "n" veces mayor (182) y si a la vez se multiplica el denominador por "n", el valor de la fracción se hace "n" veces menor (184). Por lo tanto, el valor de la fracción no se altera.

Análogamente, si se divide el numerador por "p" el valor de la fracción se hace "p" veces menor (183) y si a la vez se divide el denominador por "p" el valor de la fracción se hace "p" veces mayor (185). Consecuentemente, el valor de la fracción no se altera.

L.Q.Q.D.

Obsérvese que los términos de la fracción sí se alteran.

Este teorema es muy importante, pues tiene numerosas aplicaciones.

VALOR DE UNA FRACCION EXPRESADO POR MEDIO DE UN COCIENTE

La forma de expresar el valor de una fracción en la misma forma que se utiliza para una división, es precisamente porque el valor de una fracción es el cociente de su numerador entre su denominador. El siguiente teorema lo confirma.

187.- **TEOREMA.** El valor de una fracción es también el cociente del numerador entre el denominador.

En efecto, si en la fracción $\frac{a}{b}$ se dividen ambos términos por "b" (186), se obtiene:

$$\frac{a}{b}=\frac{a/b}{b/b}$$

$$=\frac{a/b}{1}$$

$$=a/b$$

$$\therefore \quad \frac{a}{b}=a/b$$

L.Q.Q.D.

Según esto, dividir la magnitud unidad en 5 partes iguales y tomar 3 de estas partes, tiene también por valor el cociente 3 ÷ 5.

SIMPLIFICACION DE FRACCIONES

188.- La simplificación de una fracción tiene por objeto convertir sus términos en números lo más pequeños posible sin alterar el valor de la fracción.

Con la simplificación de las fracciones se hacen más fáciles las operaciones que se ejecutan con ellas, así como su representación.

189.- La simplificación de una fracción se obtiene dividiendo su numerador y su denominador por un divisor común. La máxima simplificación se obtiene dividiendo ambos términos por su m.c.d.

Ejemplo:

Simplificar la fracción $\frac{462}{910}$

1º Se ve inmediatamente que es aplicable la divisibilidad por 2,

luego

$$\frac{462}{910}=\frac{462/2}{910/2}=\frac{231}{455}$$

2º Pero, como m.c.d. (462, 910) = 14 (156), resulta

$$\frac{462}{910}=\frac{462/14}{910/14}=\frac{33}{65}$$ que es la máxima simplificación posible.

CONVERSION DE UN NUMERO ENTERO A FRACCION DE DENOMINADOR CONOCIDO

Aplicando la sexta propiedad (177) de las fracciones y el teorema (186) se deduce la regla siguiente:

190.- **REGLA.** Para convertir un número entero en una fracción de denominador conocido, se convierte el número entero a fracción de denominador unidad y se multiplican sus términos por el denominador conocido.

Ejemplos:
Convertir el número 9 a una fracción de denominador 5.

$$9=\frac{9}{1}=\frac{9\times 5}{1\times 5}=\frac{45}{5}$$

Convertir el número entero $a+m^2$ a una fracción de denominador "r".

$$a+m^2=\frac{a+m^2}{1}=\frac{(a+m^2)\,r}{r}$$

CONVERSION DE VARIAS FRACCIONES A UN COMUN DENOMINADOR

La conversión de varias fracciones a un común denominador, tiene por objeto hacer posible la suma de fracciones, la resta y la comparación de sus valores.

Multiplicando los términos de una fracción conocida, por un número entero, se obtiene una nueva fracción cuyos términos son múltiplos de los términos de la fracción conocida, y además, ambas fracciones tienen el mismo valor.

Entonces si los términos de varias fracciones se multiplican por números previamente determinados, se pueden encontrar fracciones que tengan denominadores iguales, es decir, un denominador común; o lo que es lo mismo, un múltiplo común de los denominadores.

Es evidente que la conversión se hará con números más pequeños, si previamente se simplifican las fracciones con las que se va a hacer la conversión y si el común denominador es el mínimo común múltiplo de los denominadores de las fracciones simplificadas.

De las explicaciones anteriores se deduce la siguiente regla:

191.- **REGLA.** Para convertir varias fracciones a un mínimo común denominador: se simplifican las fracciones a su más simple expresión; se determina el m.c.m. de los denominadores de las fracciones simplificadas; se divide el m.c.m. por cada uno de los denominadores para determinar los factores de conversión respectivos; se multiplica el numerador de cada fracción por el respectivo factor de conversión, con lo que se obtienen los numeradores de las fracciones cuyo denominador es el m.c.m. calculado.

Ejemplo:

Convertir a un común denominador las fracciones $\frac{12}{36}$, $\frac{3}{5}$ y $\frac{21}{49}$

Fracciones dadas $\frac{12}{36}\ \frac{3}{5}\ \frac{21}{49}$

Fracciones simplificadas $\frac{1}{3}\ \frac{3}{5}\ \frac{3}{7}$

m.c.m. (3, 5, 7) = 3 x 5 x 7 = 105

Factores de conversión $\frac{105}{3}=35\ \frac{105}{5}=21\ \frac{105}{7}=15$

Numeradores 35 x 1 = 35, 21 x 3 = 63, 15 x 3 = 45

Fracciones resultantes $\frac{35}{105}\ \frac{63}{105}\ \frac{45}{105}$

La conversión se comprueba dividiendo ambos términos de cada fracción por su respectivo factor de conversión, con lo que se obtienen las fracciones simplificadas, y de estas, las fracciones dadas.

Observación

Si no se simplifican las fracciones y no se utiliza el m.c.m. de los denominadores, se tiene:

Convertir a un común denominador las mismas fracciones $\frac{12}{36}$, $\frac{3}{5}$ y $\frac{21}{49}$

Común denominador, 36 x 5 x 49 = 8820

Al deducir el común denominador, se observa que el denominador de cada fracción ha sido multiplicado por los demás denominadores, y por lo mismo, cada numerador deberá ser multiplicado también por los demás denominadores.

Luego se tienen las fracciones siguientes:

$$\frac{12\times5\times49}{36\times5\times49}\ \frac{3\times36\times49}{36\times5\times49}\ \frac{21\times36\times5}{36\times5\times49}$$

o sea

$$\frac{2940}{8820}\ \frac{5292}{8820}\ \frac{3780}{8820}$$

que son las fracciones buscadas.

Como puede verse el procedimiento conduce generalmente a fracciones de términos muy grandes. Sin embargo, es conveniente cuando se trata de dos o tres fracciones de términos pequeños así como las fracciones $\frac{2}{3}, \frac{3}{4} y \frac{2}{5}$ de las que se obtiene:

$$\frac{2\times4\times5}{3\times4\times5}\ \frac{3\times3\times5}{3\times4\times5}\ \frac{2\times4\times3}{3\times4\times5}$$

ó $\frac{40}{60}\ \frac{45}{60}\ \frac{24}{60}$

También, de las fracciones $\frac{a}{b}\frac{m}{k}\ \frac{p}{q}$ resulta:

$$\frac{akq}{bkq}\frac{mbq}{bkq}\frac{pkb}{bkq}$$

Se debe seguir este procedimiento, cuando los denominadores de las fracciones simplificadas son números primos o números primos entre sí (159).

ESCRITURA CONVENCIONAL

Es muy común que las transformaciones sucesivas que se hacen a una expresión matemática dada, se escriban una a continuación de la otra separándolas por medio del signo “igual a”. Es evidente que la expresión dada y cada una de las transformaciones que se le hacen, son del mismo valor. Consecuentemente, con la expresión dada y la última transformación, se puede formar una igualdad a la que se le antepone el signo $\therefore$ y de la cual se sacan conclusiones.

En lo que sigue, se utilizará la "escritura convencional" escribiendo debajo de cada transformación el número del concepto en que se basa, si así se estima conveniente.

CONVERSION DE UNA FRACCION IMPROPIA A NUMERO MIXTO

192.- Según el número (176) el valor de una fracción impropia cuyo numerador no es múltiplo de su denominador, estará compuesto de un número entero, más una fracción menor que la unidad.

El número entero es precisamente el cociente de la división del numerador entre el denominador.

Sin embargo, el número entero así deducido no representa el valor de la fracción impropia, pues falta considerar la resta de la división.

Si se representa: por "N", el numerador de la fracción impropia; por "d", el denominador o divisor; por "E" el número entero contenido en la fracción, que es el cociente de la división, y por "r" la resta de la división, se tiene según la igualdad fundamental de la división.

$$N = d\,E + r$$

Dividiendo ambos miembros por "d" (118) se obtiene:

$$\frac{N}{d} = \frac{d\,E + r}{d} = \underset{(79)}{\frac{dE}{d} + \frac{r}{d}} = \underset{(81)}{E + \frac{r}{d}}$$

$$\therefore \quad \frac{N}{d} = E + \frac{r}{d}$$

De esta igualdad, en la que el primer miembro es una fracción impropia cuyo valor es el valor del segundo miembro se deduce la siguiente regla:

193.- **REGLA.** Para convertir una fracción impropia en un número mixto: se divide el numerador entre el denominador y al cociente entero resultante, se le suma una fracción que tiene por numerador la resta de la división y por denominador, el denominador de la fracción impropia. El número mixto así determinado, es el valor de la fracción impropia.

Ejemplos:

1° Convertir la fracción 27/4 en número mixto.

$$\begin{array}{r|l} 27 & 4 \\ 3 & 6 \end{array} \qquad \therefore \frac{27}{4} = 6 + \frac{3}{4}$$

2° Convertir 83/3 en número mixto

$$\begin{array}{r|l} 83 & 3 \\ 23 & 27 \\ 2 & \end{array} \qquad \therefore \frac{83}{3} = 27 + \frac{2}{3}$$

SUMA DE FRACCIONES

194.- En la suma de fracciones, lo que indican respectivamente el denominador y el numerador de cada una de las fracciones, hacen evidentes las cuestiones siguientes:

Primera.- Para sumar varias fracciones es necesario que sean de igual denominador.

Segunda.- la suma de los numeradores de varias fracciones de igual denominador, contiene todas las partes iguales que se han tomado en cada fracción.

De aquí, la siguiente regla.

195.- **REGLA.** Para sumar varias fracciones: se simplifican a su más simple expresión; se convierten las fracciones simplificadas a un mínimo común denominador; se suman los numeradores resultantes; a la suma obtenida se le da por denominador el mínimo común denominador calculado; la fracción así obtenida, se simplifica y si es necesario se convierte a número mixto; el resultado de la operación es la suma buscada.

Consecuencias

196.- Primera. Para sumar un número entero a una fracción, se convierte el número entero a fracción del mismo denominador de la fracción (190) y se aplica la regla anterior (195).

197.- Segunda. Para sumar números mixtos: se suman los enteros y después las fracciones haciendo las conversiones necesarias; o se convierten los números mixtos a fracciones y se suman estas observando la regla anterior (195).

Ejemplos:

1° Efectuar la suma 2/3 + 6/10 + 6/8

$$\frac{2}{3}+\frac{6}{10}+\frac{6}{8}=\frac{2}{3}+\frac{3}{5}+\frac{3}{4}=\frac{40}{60}+\frac{36}{60}+\frac{45}{60}=\frac{40+36+45}{60}=\frac{121}{60}$$

$$60\overline{)121}^{\,2} \quad 01 \qquad \therefore\ \frac{121}{60}=2+\frac{1}{60}$$

2° Efectuar la suma a/b + k/m

$$\frac{a}{b}+\frac{k}{m}=\frac{a\,m+b\,k}{b\,m}$$

3° Efectuar la suma 5 + 2/3

$$5+\frac{2}{3}=\frac{5\times 3}{3}+\frac{2}{3}=\frac{17}{3}$$

4° Efectuar la suma $\frac{a^3}{km}+\frac{m}{ak}$

Como el mínimo común denominador es a k m,

$$\frac{a^3}{km}+\frac{m}{a\,k}=\frac{a^4}{a\,k\,m}+\frac{m^2}{a\,k\,m}=\frac{a^4+m^2}{a\,k\,m}$$

También se puede proceder como sigue:

$$\frac{a^3}{k\,m}+\frac{m}{a\,k}=\frac{a^4\,k+k\,m^2}{a\,k^2\,m}=\frac{k\,(a^4+m^2)}{a\,k^2\,m}=\frac{a^4+m^2}{a\,k\,m}$$

(87)

5º Efectuar la suma $\left(7+\frac{2}{5}\right)+\left(3+\frac{1}{4}\right)$

$$\left(7+\frac{2}{5}\right)+\left(3+\frac{1}{4}\right)=7+3+\frac{2}{5}+\frac{1}{4}=10+\frac{8+5}{20}=10+\frac{13}{20}$$

o también (196)

$$\left(7+\frac{2}{5}\right)+\left(3+\frac{1}{4}\right)=\frac{37}{5}+\frac{13}{4}=\frac{37\times 4}{20}+\frac{13\times 5}{20}=\frac{213}{20}=10+\frac{13}{20}$$

RESTA DE FRACCIONES

Las mismas consideraciones hechas sobre el significado de los términos de una fracción, conducen a establecer la siguiente regla:

198.- **REGLA.** Para restar fracciones: se simplifican a su más simple expresión; se convierten las fracciones simplificadas a un mínimo común denominador; se resta el numerador de la fracción substraendo del numerador de la fracción minuendo; a la diferencia obtenida se le da por denominador el mínimo denominador calculado; la fracción resultante es la resta de la operación.

Consecuencias

199.- Primera. Para restar una fracción de un número entero, se convierte el entero a fracción del mismo denominador de la fracción y se aplica la regla anterior (198).

200.- Segunda. Para restar números mixtos, se restan los enteros y las fracciones por separado y se suman las diferencias encontradas siempre que la fracción del número mixto minuendo, sea mayor que la fracción del número mixto substraendo, y en caso contrario, se convierten los números mixtos a fracciones y se aplica la regla anterior (198).

Ejemplos:

1° Efectuar la resta $\frac{25}{32}-\frac{12}{28}$

$\frac{25}{32}-\frac{12}{28}=\frac{25}{32}-\frac{3}{7}=\frac{25\times7}{32\times7}-\frac{32\times3}{32\times7}=\frac{175-96}{224}=\frac{79}{224}$ fracción que no es reducible, pues 79 es número primo y 224 no es múltiplo de 79.

2° Efectuar la resta $\frac{a}{m}-\frac{ak}{b}$

$$\frac{a}{m}-\frac{ak}{b}=\frac{ab}{mb}-\frac{akm}{mb}=\frac{ab-akm}{mb}=\frac{a(b-km)}{mb}$$

3° Efectuar la resta $9-\frac{5}{7}$

$$9-\frac{5}{7}=\frac{9\times7}{7}-\frac{5}{7}=\frac{63-5}{7}=\frac{58}{7}=8+\frac{2}{7}$$

4° Efectuar la resta $\left(6+\frac{3}{5}\right)-\left(2+\frac{3}{7}\right)$

$$\left(6+\frac{3}{5}\right)-\left(2+\frac{3}{7}\right)=6+\frac{3}{5}-2-\frac{3}{7}=4+\frac{21}{35}-\frac{15}{35}=4+\frac{6}{35}$$

o también,

$$\left(6+\frac{3}{5}\right)-\left(2+\frac{3}{7}\right)=\frac{30+3}{5}-\frac{14+3}{7}=\frac{33}{5}-\frac{17}{7}=\frac{146}{35}=4+\frac{6}{35}$$

MULTIPLICACION DE FRACCIONES

201.- **TEOREMA.** Para multiplicar una fracción por otra fracción, basta multiplicar numerador por numerador y denominador por denominador.

Demostración

Sea el producto $\frac{a}{b}\,\frac{m}{k}$

De acuerdo con los teoremas (182) y (183), si se hace “m” veces mayor la primera fracción y “m” veces menor la segunda fracción, el valor del producto no se altera. Se tiene entonces

$$\frac{a}{b}\frac{m}{k}=\frac{am}{b}\frac{m}{km}$$

Análogamente, si estas últimas fracciones se hacen; “k” veces menor la primera y “k” veces mayor la segunda, resulta:

$$\frac{am}{b}\frac{m}{km}=\frac{am}{bk}\frac{mk}{km}=\frac{am}{bk}$$

$$\therefore \qquad \frac{a}{b}\frac{m}{k}=\frac{am}{bk}$$

L.Q.Q.D.

Consecuencias

202.- Primera. Para multiplicar un número entero por una fracción, se convierte el número entero a fracción de denominador unidad y se aplica el teorema anterior.

203.- Segunda. El producto de varias fracciones, es igual al producto de los numeradores dividido por el producto de los denominadores.

204.- Tercera. Para multiplicar dos números mixtos, se convierten a fracciones impropias y se aplica el teorema anterior.

Ejemplos:

1° Efectuar el producto $\frac{3}{5}\frac{4}{9}$

$$\frac{3}{5}\frac{4}{9}=\frac{3\times 4}{5\times 9}=\frac{12}{45}=\frac{4}{15}$$

2° Efectuar el producto $\frac{a^2+b}{c+1}\frac{a}{k}$

$$\frac{a^2+b}{c+1}\frac{a}{k}=\frac{(a^2+b)a}{(c+1)k}$$

3° Efectuar (34) el producto $5\frac{3}{4}$

$$5\frac{3}{4}=\frac{5}{1}\frac{3}{4}=\frac{5\times 3}{1\times 4}=\frac{15}{4}=3+\frac{3}{4}$$

4° Efectuar el producto $\frac{m}{k}a$

$$\frac{m}{k}a=\frac{m}{k}\frac{a}{1}=\frac{am}{k}$$

5° Efectuar el producto $\frac{2}{3}\ \frac{3}{4}\ \frac{5}{7}$

$$\frac{2}{3}\ \frac{3}{4}\ \frac{5}{7}=\frac{2\times3\times5}{3\times4\times7}=\frac{2\times5}{4\times7}=\frac{5}{4}$$

(186) y (81)

6° Efectuar el producto $\frac{a^2}{b}\ \frac{m}{2}\ \frac{k}{b^2}$

$$\frac{a^2}{b}\ \frac{m}{2}\ \frac{k}{b^2}=\frac{a^2\,k\,m}{2\,b^3}$$

7° Efectuar el producto $\left(2+\frac{3}{5}\right)\ \left(5+\frac{4}{7}\right)$

$$\left(2+\frac{3}{5}\right)\ \left(5+\frac{4}{7}\right)=\frac{2\times5+3}{5}\ \frac{5\times7+4}{7}=\frac{13}{5}\ \frac{39}{7}=\frac{13\times39}{5\times7}=14+\frac{17}{35}$$

DIVISION DE FRACCIONES

205.- Por definición, la fracción invertida o inverso de la fracción a/m, es la fracción m/a. Así mismo (177) el inverso de un número “n” es igual a la fracción 1/n.

206.- **TEOREMA.** Para dividir una fracción entre otra fracción, se multiplica la fracción dividendo por la fracción divisor invertida.

Demostración

Sea la división $\frac{a}{b}\div\frac{m}{k}$

Multiplicando el dividendo $\frac{a}{b}$ y el divisor $\frac{m}{k}$ por la fracción $\frac{k}{m}$,

no se altera el valor del cociente y se obtiene:

$$\frac{a}{b}\div\frac{m}{k}=\frac{a}{b}\ \frac{k}{m}\div\frac{m}{k}\ \frac{k}{m}=\frac{a}{b}\ \frac{k}{m}\div 1=\frac{a}{b}\ \frac{k}{m}$$

$$\therefore \quad \frac{a}{b}\div\frac{m}{k}=\frac{a}{b}\ \frac{k}{m}$$

L.Q.Q.D.

Obsérvese que la fracción divisor m/k invertida, es igual a k/m.
Consecuencias

207.- Primera. Para dividir un número entero entre una fracción, se convierte el entero a fracción de denominador unidad y se aplica el teorema anterior.

208.- Segunda. Para dividir una fracción entre un número entero, se convierte el entero a fracción de denominador unidad y se aplica el teorema anterior.

209.- Tercera. Para dividir un número mixto entre otro número mixto, se convierten a fracciones impropias y se aplica el teorema anterior.

Ejemplos:

1° Efectuar la división $\frac{8}{7}\div\frac{2}{3}$

$$\frac{8}{7}\div\frac{2}{3}=\frac{8}{7}\ \frac{3}{2}=\frac{24}{14}=\frac{12}{7}=1+\frac{5}{7}$$

2° Efectuar la división $\frac{a+b}{m}\div\frac{c^2}{2}$

$$\frac{a+b}{m}\div\frac{c^2}{2}=\frac{a+b}{m}\ \frac{2}{c^2}=\frac{2\ (a+b)}{c^2\ m}$$

3° Efectuar la división $9\div\frac{2}{5}$

$$9\div\frac{2}{5}=\frac{9}{1}\div\frac{2}{5}=\frac{9}{1}\ \frac{5}{2}=\frac{45}{2}=22+\frac{1}{2}$$

4° Efectuar la división $\frac{m}{a/b}$

$$\frac{m}{a/b}=\frac{m}{1}\div\frac{a}{b}=\frac{m}{1}\ \frac{b}{a}=\frac{b\,m}{a}$$

5º Efectuar la división $\dfrac{3/7}{5}$

$$\frac{3/7}{5}=\frac{3}{7}\div\frac{5}{1}=\frac{3}{7}\ \frac{1}{5}=\frac{3}{35}$$

6º Efectuar la división $\dfrac{a}{b}\div k$

$$\frac{a}{b}\div k=\frac{a}{b}\div\frac{k}{1}=\frac{a}{b}\ \frac{1}{k}=\frac{a}{b\,k}$$

7º Efectuar la división $\dfrac{2+3/5}{5+4/7}$

$$\frac{2+3/5}{5+4/7}=\frac{13/5}{39/7}=\frac{13}{5}\ \frac{7}{39}=\frac{91}{195}$$

POTENCIAS DE LAS FRACCIONES

210.- **TEOREMA.** Para elevar una fracción a una potencia, basta elevar el numerador y el denominador a dicha potencia.

Ejemplos:

1° $\left(\dfrac{2}{3}\right)^4=\dfrac{2^4}{3^4}=\dfrac{16}{81}$

2° $\left(\dfrac{a^2\ b^3}{m}\right)^2=\dfrac{(a^2\ b^3)^2}{m^2}=\dfrac{a^4\ b^6}{m^2}$

(97) y (96)

Demostración
Sea la fracción $\left(\dfrac{a}{b}\right)^3$

Por el significado de potencia (89).

$$\left(\frac{a}{b}\right)^3 = \frac{a}{b}\ \frac{a}{b}\ \frac{a}{b} = \frac{a\,a\,a}{b\,b\,b} = \frac{a^3}{b^3}$$

L.Q.Q.D.

CAPITULO 11

NUMEROS DECIMALES

El principio fundamental del sistema decimal de numeración (4), también se puede enunciar como sigue:

211.- Toda cifra escrita a la derecha de otra, representa unidades diez veces menores que las que representa esta última.

Así, en el número 324, la cifra 2 representa decenas que son unidades diez veces menores que las centenas que representa 3, y 4 representa unidades simples que son diez veces menores que las decenas que representa 2.

Según esto, si se escribe una cifra a la derecha de las unidades simples, representará décimos de unidad, y las cifras escritas a la derecha de los décimos, representarán centésimos de unidad, milésimos de unidad, etc.

212.- Las unidades simples, decenas, centenas, millares, etc. de un número, son la parte entera del número, y los décimos, centésimos, milésimos, etc. son la parte decimal.

213.- PUNTO DECIMAL. El punto decimal se utiliza para separar la parte entera de la parte decimal de los números.

Es muy oportuno advertir que la coma no debe utilizarse como punto decimal por ser un signo ortográfico que daría lugar a confusiones.

214.- NUMERO DECIMAL. Número decimal es todo número que solamente tiene parte decimal.

Por extensión, a los números que tienen parte entera y parte decimal también se acostumbra llamarlos números decimales. Lo correcto es llamarlos números decimales con parte entera.
312.14 0.016 son números decimales.

PROPIEDADES DE LOS NUMEROS DECIMALES

Del principio fundamental de la numeración decimal, se deducen las siguientes propiedades.

215.- Primera. El valor de un número decimal no se altera, si se le agregan o suprimen ceros a la derecha de la última cifra significativa de la derecha del número.

12.450 12.4500 y 12.45 tienen el mismo valor.
0.026 y 0.02600 son de igual valor.

216.- Segunda. El valor de un número decimal queda multiplicado por 10^1, 10^2, 10^3, ...10^n si se corre el punto decimal 1, 2, 3, ... n lugares respectivamente, a la derecha.

Ejemplos:
$2.85 \times 10^1 = 28.5$ $2.85 \times 10^4 = 28500$ $2.85 \times 10^2 = 285$
Es evidente que por cada lugar que se corra el punto decimal a la derecha, cada una de las cifras del número representará unidades diez veces mayores que las que representaba.

217.- Tercera. El valor de un número decimal queda dividido por 10^1, 10^2, 10^3, ... 10^n, si se corre el punto decimal 1, 2, 3, ... n lugares respectivamente a la izquierda.

Ejemplos:
$265.42/10^1 = 26.542$ $265.42/10^4 = 0.026542$

CONVERSION DE UN NUMERO DECIMAL A FRACCION DECIMAL

De las propiedades de los números decimales y de la definición de fracción decimal (180), se deduce la siguiente regla:

218.- **REGLA.** Para convertir un número decimal a fracción decimal, se multiplica el número decimal por la potencia de 10 que lo convierta en número entero y este se divide por la misma potencia.

Ejemplos:

1° $$8.46 = \frac{8.46 \times 10^2}{10^2} = \frac{846}{10^2} = \frac{846}{100}$$

2° $$0.0085 = \frac{0.0085 \times 10^4}{10^4} = \frac{85}{10^4} = \frac{85}{10000}$$

3° $$0.200 = \frac{0.200 \times 10}{10} = \frac{2}{10}$$

CONVERSION DE UNA FRACCION DECIMAL A NUMERO DECIMAL

De la tercera propiedad (217) de los números decimales se deduce la siguiente regla:

219.- **REGLA.** Para convertir una fracción decimal a número decimal, se efectúa la división corriendo hacia la izquierda el punto decimal del numerador tantos lugares, cuantos ceros tenga el denominador.

Ejemplos:

$$\frac{4285}{100} = 42.85 \qquad \frac{75}{10000} = 0.0075 \qquad \frac{85}{10} = 8.5$$

SUMA DE NUMEROS DECIMALES

220.- La teoría correspondiente a la suma de los números enteros, es aplicable a la suma de números decimales.

Para facilitar la operación se colocan los sumandos en forma de columna, de modo que coincidan los puntos decimales.

Ejemplo:

$61.2801 + 0.013 + 8.0204 = 69.3135$

$$\begin{array}{r} 61.2801 \\ 0.013 \\ 8.0204 \\ \hline 69.3135 \end{array}$$

RESTA DE NUMEROS DECIMALES

221.- Para restar números decimales, se aplica la teoría correspondiente a la resta de números enteros. También, por comodidad en la operación, se coloca el substraendo debajo del minuendo de modo que los puntos decimales coincidan, y si es necesario se iguala el número de cifras decimales agregando ceros (215).

Ejemplo:

$51.17 - 4.0148 = 47.1552$

$$\begin{array}{r} 51.1700 \\ 4.0148 \\ \hline 47.1552 \end{array}$$

MULTIPLICACION DE NUMEROS DECIMALES

Sea el producto 2.51 x 0.047

Convirtiendo los números decimales a fracciones decimales, se tiene:

$$2.51 \times 0.047 = \frac{251}{10^2} \ \frac{47}{10^3} = \frac{251 \times 47}{10^{2+3}} = \frac{11797}{10^5} = 0.11797$$

De aquí la siguiente regla:

222.- **REGLA.** Para multiplicar dos números decimales, se multiplican como si fueran enteros y en el producto se corre el punto decimal hacia la izquierda, tantos lugares, cuantos lugares sumen las cifras decimales de los factores.

Ejemplos:

$0.25 \times 6.004 = 1.50100 = 1.501$

$$\begin{array}{r} 6.004 \\ 0.25 \\ \hline 30020 \\ 12008 \\ \hline 1.50100 \end{array}$$

$3.40 \times 2.001 = 6.80340 = 6.8034$

$$\begin{array}{r} 3.40 \\ 2.001 \\ \hline 340 \\ 68000 \\ \hline 6.80340 \end{array}$$

Evidentemente, son aplicables todos los teoremas, consecuencias y propiedades relativos a los productos de números enteros antes vistos.

DIVISION DE NUMEROS DECIMALES

223.- La división de números enteros trae consigo la idea de repartición, pues por ejemplo, de la división $24 \div 3 = 8$ se deduce que a cada unidad del número 3, le corresponden 8 unidades del número 24.

Así mismo, si se dividen \$35 entre 5 personas, se obtiene

$$\frac{\$35}{5 \text{ personas}} = \$7 \quad \text{por persona}$$

Ahora bien, en la división $8.47 \div 3$, se pueden determinar: cuántos enteros; cuántos décimos, y cuántos centésimos corresponden a cada unidad del número 3.

En efecto: 8 enteros entre 3, corresponden a 2 enteros por cada unidad de 3, y sobran 2 enteros que deben seguirse repartiendo; 2 enteros convertidos a décimos o sean 20 décimos, agregados a los 4 décimos del dividendo, se dividen entre 3, correspondiendo 8 décimos a cada unidad de 3; se prosigue dividiendo 7 centésimos entre 3, correspondiendo 2 centésimos por cada unidad de 3, quedando una resta de 1 centésimo, es decir queda pendiente de repartir un centésimo. Es claro que un centésimo puede convertirse en 10 milésimos agregando un cero y proseguirse la división.

```
   2
3|8.47
  2

   2.8
3|8.47
  2 4
    0

   2.82
3|8.47
  24
   07
    1
```

Desde luego que la igualdad fundamental de la división se verifica, ya que $8.47 = 3 \times 2.82 + 0.01$

La división precedente permite concluir que ES POSIBLE LA DIVISION DE CUALQUIER NUMERO DECIMAL ENTRE UN NUMERO ENTERO.

De aquí la siguiente regla:

224.- **REGLA.** Para dividir números decimales, se multiplican dividendo y divisor por una potencia de 10, tal, que convierta al divisor en número entero y con estos nuevos números se ejecuta la división.

Observación

Es importante recordar que la resta de la división ha quedado multiplicada por la potencia de 10 que se utilizó para convertir al divisor en número entero (82).

Ejemplos:

1° $$25 / 0.042 = \frac{25 \times 10^3}{0.042 \times 10^3} = \frac{25000}{42} = 595$$

(con resta 10 de la división auxiliar) y como, resta = $\frac{10}{10^3} = 0.01$, $25 = 0.042 \times 595 + 0.01 = 25$

2° $2.574 \div 3.14 = \frac{2.574 \times 10^2}{3.14 \times 10^2} = \frac{257.4}{314} = 0.8$ y si se prosigue la división hasta obtener, por ejemplo, milésimos en el cociente, se tiene:

$\frac{2.574}{3.14} = 0.819$ (con resta 0.234 en la división auxiliar) y como

resta = $\frac{0.234}{10^2} = 0.00234$,

2.574 = 3.14 x 0.819 + 0.00234 = 2.574

3° $0.0085 / 0.5 = \frac{0.0085 \times 10}{0.5 \times 10} = \frac{0.085}{5} = 0.017$ (con resta 0 en la división auxiliar) luego 0.0085 = 0.5 x 0.017 = 0.0085

4° $\frac{2.475}{12} = 0.206$ (con resta 0.003 en la división auxiliar) luego

2.475 = 12 x 0.206 + 0.003 = 2.475

APROXIMACION DECIMAL DE UN COCIENTE

225.- La aproximación decimal de un cociente se obtiene en las dos formas siguientes:

La aproximación decimal "hasta" determinada cifra decimal, que consiste en tomar el valor del cociente "hasta" la cifra indicada, y

La aproximación decimal "a" determinada cifra decimal, que consiste en aumentar una unidad a dicha cifra, si la siguiente cifra de la derecha $\geq$ 6 ($\geq$ léase "igual o mayor que")

La aproximación decimal de 3.14629, es:

"hasta" centésimos, 3.14
"a" centésimos, 3.15
"hasta" milésimos, 3.146
"a" milésimos, 3.146
"hasta" diezmilésimos, 3.1462
"a" diezmilésimos, 3.1463

CONVERSION DE FRACCIONES PROPIAS A NUMEROS DECIMALES

226.- Para convertir una fracción propia a número decimal, basta dividir el numerador entre el denominador (187) con la aproximación que se desee (225), como se verá en los siguientes ejemplos.

Ejemplos:

1° $\frac{3}{8} = 0.375$

```
  0.375
8|30
   60
    40
     0
```

2° $\frac{6}{7} = 0.8571 \ldots$

```
  0.8571
7|60
   40
    50
     10
      3
```

3° $\frac{1}{3} = 0.333 \ldots$

```
  0.333
3|10
   10
    10
     1
```

4° $\frac{4}{11} = 0.3636 \ldots$

```
   0.3636
11|40
    70
     40
      70
       4
```

5° $\frac{7}{12} = 0.583333 \ldots$

```
   0.5833
12|70
   100
    040
     040
       4
```

6° $\frac{3}{64} = 0.046875$

```
   0.046875
64|300
    440
     560
      480
       320
        00
```

226.- A.- VALOR EXACTO POR COCIENTE, DE UNA FRACCION, es el cociente que se obtiene de dividir el numerador entre el denominador, si la resta de la división es nula.

La fracción 3/8 = 0.375 tiene un valor exacto por cociente.

227.- **TEOREMA.** Toda fracción que tiene por denominador: una potencia entera de 2; una potencia entera de 5, o cualesquiera potencias enteras de 2 y de 5, tiene un valor exacto por cociente.

Ejemplos:

$$\frac{31}{50} = \frac{31}{2 \times 5^2} = 0.62$$

$$\frac{9}{64} = \frac{9}{2^6} = 0.140625$$

$$\frac{77}{125} = \frac{77}{5^3} = 0.616$$

Demostración

Puesto que 10 = 2 x 5 y $10^n = 2^n \times 5^n$ (97), cualquier fracción conocida que tiene por denominador potencias enteras de 2, de 5, o de 2 y 5, se puede convertir a fracción decimal, multiplicando sus términos (186) por las potencias de 2 ó de 5 que hagan al denominador de la fracción, de la forma $2^n\ 5^n$.

Como la fracción así obtenida es una fracción decimal (180) que tiene un valor exacto por cociente (226-A), la fracción conocida también tendrá el mismo valor. L.Q.Q.D.

CAPITULO 12

FRACCIONES PERIODICAS

El valor de una fracción propia expresada en forma decimal, también se le llama fracción.

Anteriormente se estudiaron las fracciones cuyos cocientes son exactos y quedan por considerar las fracciones cuyos cocientes no lo son, es decir, aquellas en las que la división del numerador entre el denominador, por más que se prolongue, no se llega a obtener una resta de valor cero. Tales como los ejemplos 2°, 3°, 4° y 5° del número (226).

Estas fracciones de cociente no exacto, tienen las características y denominaciones siguientes:

228.- FRACCION PERIODICA SIMPLE es toda fracción en la que inmediatamente después del punto decimal, se repiten indefinidamente una o más cifras a las que se les llama período.

Ejemplos:

$\frac{5}{9} = 0.555\ldots$ el período es 5. $\frac{12}{33} = 0.3636\ldots$ el período es 36

$\frac{14}{111} = 0.126126\ \cdots$ el período es 126

229.- FRACCION PERIODICA COMPUESTA es toda fracción en la que inmediatamente después del punto decimal hay una o más cifras que no se repiten y después de ellas hay períodos de una o más cifras que se repiten indefinidamente.

Ejemplos:

1° $\frac{16}{45} = 0.3555$ … la parte no periódica es 3 y el período es 5.

2° $\frac{191}{825} = 0.231515\ldots$la parte no periódica es 23 y el período es 15.

Lo que sigue referente a "fracciones generadoras", aunque es de alguna utilidad, se expone como un ejercicio mental.

230.- FRACCION GENERADORA DE UNA FRACCION PERIODICA DADA es la fracción propia que al deducir su valor por cociente, se obtiene la fracción periódica dada.

La fracción generadora se obtiene mediante la siguiente regla.

231.- **REGLA.** La fracción generadora de una fracción periódica tiene: por numerador, a la fracción no periódica seguida de un período, menos la fracción no periódica, tomadas como números enteros; y por denominador, un número formado por tantos nueves cuantas cifras tenga el período, seguidos de tantos ceros cuantas cifras tenga la parte no periódica.

Ejemplos:

Deducir las fracciones generadoras de las siguientes fracciones periódicas.

1° 0.34545 …

$$0.34545 = \frac{345-3}{990} = \frac{342}{990} = \frac{19}{55}$$

```
    0.34545
55|190
    250
     300
      250
       300
```

2° 0.555 … Como no hay fracción no periódica, se tiene:

$$0.555 = \frac{5}{9}$$

```
  0.555
9|50
   50
    50
```

3° 0.696969 ...

$$0.696969 = \frac{69}{99} = \frac{23}{33}$$

$$\begin{array}{r|l} & 0.6969 \\ 33 & 230 \\ & \ 320 \\ & \ \ 230 \\ & \ \ \ 320 \end{array}$$

TEOREMA IMPORTANTE DE APLICACION MULTIPLE

A continuación se verá un teorema que tiene aplicación, tanto en las fracciones como en los números decimales.

232.- **TEOREMA.** Multiplicar un número por una fracción, es tomar del número el valor de la fracción.

Así, multiplicar 95 por 2/5 es tomar los 2/5 de 95, o sea

$95\frac{2}{5} = \frac{190}{5} = 38$ y 38 son los 2/5 de 95.

Demostración

Sean el número "B" y la fracción a/n

Si el número "B" se divide por el denominador "n", "B" queda dividido en "n" partes iguales, teniendo cada una de ellas un valor igual a B/n.

Ahora bien, si se toma un número "a" de ellas se han tomado "a" enésimos de "B", es decir $\frac{Ba}{n}$, y como el producto del número "B" por la fracción $\frac{a}{n}$ (202) tiene el mismo valor $\frac{Ba}{n}$, queda demostrado el teorema.

Ejemplos:

1° $92\frac{3}{4} = \frac{92 \times 3}{4} = \frac{276}{4} = 69$ y 69 son los 3/4 de 92

2° $70 \times 0.2 = 70 \times \frac{2}{10} = \frac{140}{10} = 14$ y 14 son los dos décimos de 70.

Consecuencias

233.- Primera. Multiplicar una fracción por otra fracción, es tomar de la primera el valor de la segunda, o viceversa, tomar de la segunda el valor de la primera. Así

$$\frac{2}{3}\ \frac{5}{7}=\frac{5}{7}\ \frac{2}{3}$$

234.- Segunda. El producto de varias fracciones propias (178) es menor que cualesquiera de las fracciones.

235.- Tercera. Excepto la primera potencia, toda potencia entera de una fracción propia es menor que la fracción.

236.- Cuarta. Multiplicar un número por un número decimal sin parte entera (214) es tomar del número, el valor del número decimal. Así, 152 x 0.25 = 38 y 38 son los veinticinco centésimos de 152, puesto que 152 x 0.25 = $152\frac{25}{100}$

237.- Quinta. El producto de un número por un número decimal (214), es menor que el número.

Así 425 x 0.75 = 318.75 0.0054 x 0.5 = 0.0027

238.- Sexta. Excepto la primera potencia, toda potencia entera de un número decimal (214) es menor que el número decimal.

239.- Séptima. El cociente de un número entre un número decimal (214) es mayor que el número.

Así $\frac{236}{0.59}=400$ $\frac{1.4}{0.5}=2.8$ $\frac{0.0026}{0.2}=0.013$

CAPITULO 13

CANTIDADES

240.- Cuando se ejecutan operaciones con dos o más cantidades conocidas, se obtiene una "cantidad resultado" cuya especie es indispensable determinar.

Si una magnitud se mide con la correspondiente "magnitud unidad" y esta está contenida, por ejemplo, 423 veces, la medida resultante se expresa por el número 423; pero este número no tiene ningún significado si no se le convierte en una cantidad con determinada especie.

241.- **TEOREMA.** Si una magnitud de especie "E" se mide con una MAGNITUD UNIDAD "e" de la misma especie y esta está contenida "n" veces en "E", el valor de la medida, expresado por medio de la cantidad correspondiente, es el producto convencional "n e".

Ejemplos:

Si la magnitud medida es una longitud "L", la MAGNITUD UNIDAD es el metro (se abrevia m) y esta está contenida 203 veces en "L", el valor de la longitud es la cantidad 203 m, es decir, L = 203 m que se lee 203 metros.

Análogamente, si la magnitud medida es el peso "P" de un cuerpo, la MAGNITUD UNIDAD es el kilogramo (se abrevia Kg) y esta está contenida 45 veces en "P", el valor del peso es la cantidad 45 Kg., es decir P = 45 Kg. que se lee 45 kilogramos.

Demostración. Sean

E = La magnitud por medir

e = La MAGNITUD UNIDAD de la misma especie que "E".

n = Número de veces que "E" contiene a "e".

Es evidente que el resultado de medir la magnitud "E" por medio de la MAGNITUD UNIDAD "e", es el cociente E/e y por lo mismo E/e = n

∴ E = n e L.Q.Q.D.

Es muy importante tener presente que la MAGNITUD UNIDAD tiene por valor, solamente, UNA MAGNITUD UNIDAD.

Operando matemáticamente con las cantidades cuya expresión general es de la forma "n e", se puede determinar fácilmente, la especie de cualquier cantidad que resulte de las operaciones que se ejecuten con otras cantidades.

SUMA Y RESTA DE CANTIDADES

242.- Ejecútense las siguientes operaciones:

5 m. + 2 m. + 3.5 m. = (5 + 2 + 3.5) m. = 10.5 m.

Horas se abrevia h.

18 h. – 7 h. = (18 – 7) h. = 11 h. que se lee 11 horas

MULTIPLICACION DE CANTIDADES

243.- Ejecútense las siguientes multiplicaciones:

(2 m.) (5 m.) (10 m.) = (2 x 5 x 10) m^3. = 100 m^3. que se lee 100 metros cúbicos.

(6 Kg.) (8 m.) = (6 x 8) Kg. m. = 48 Kg. m. que se lee 48 kilográmetros ó 48 kilogramos metros.

Volt se abrevia V., y amper A.

(200 V.) (30 A.) = (200 x 30) V.A. = 6000 V.A. que se lee 6000 Volt amperes.

(5 cm.) (2 cm.) (10 cm.) (3 cm.) = 300 cm^4. que se lee 300 centímetros cuartos.

DIVISION DE CANTIDADES

244.- Ejecútense las siguientes divisiones:

Segundos se abrevia seg., y yarda yd.

$\frac{10\text{ m.}}{5\text{ seg.}} = 2\frac{\text{m.}}{\text{seg.}}$ ó 2 m./seg. que se lee 2 metros por segundo.

$\frac{100 \text{ m./seg.}}{5 \text{ seg.}} = 20 \frac{\text{m./seg.}}{\text{seg.}}$ ó 20 m./seg^2. que se lee 20 metros por segundo cuadrado.

$\frac{(5 \text{ Kg.})(10 \text{ m.})}{25 \text{ seg.}} = 2 \text{ Kg. m./seg.}$ que se lee 2 kilográmetros por segundo.

$\frac{\$1000}{20 \text{ lápices}} = 50 \text{ \$/lápiz}$ que se lee 50 pesos por lápiz.

$\frac{20 \text{ lápices}}{\$1000} = 0.02 \text{ lápices/\$}$ que se lee 0.02 de lápiz por peso.

$\frac{15 \text{ yd.}}{6 \text{ h.}} = 2.5 \text{ yd./h.}$ que se lee 2.5 yardas por hora.

$\frac{6 \text{ h.}}{15 \text{ yd.}} = 0.4 \text{ h./yd.}$ que se lee 0.4 de hora por yarda.

$\frac{1425 \text{ Kg.}}{(2.5 \text{ cm.})(10 \text{ cm.})} = 57 \text{ Kg./cm}^2$. que se lee 57 kilogramos por centímetro cuadrado.

CANTIDADES INTERDEPENDIENTES

245.- Dos cantidades son interdependientes cuando al efectuarse modificaciones en una de ellas, la otra también se modifica.

Así, los kilogramos de cemento y su costo; los litros de agua y su peso; los números enteros y sus respectivas terceras potencias; … etc., son cantidades interdependientes.

CANTIDADES INTERDEPENDIENTES DIRECTAMENTE PROPORCIONALES

246.- Dos cantidades interdependientes son directamente proporcionales, cuando al hacerse una ellas 2, 3, 4, ... n veces MAYOR o MENOR, la otra se hace, respectivamente 2, 3, 4, ... n veces MAYOR o MENOR.

Ejemplos:

Los metros que se compran de una tela determinada y su costo, son cantidades interdependientes directamente proporcionales.

El número de trabajadores que acarrea un material determinado a una distancia conocida y la cantidad de material acarreado, son cantidades interdependientes directamente proporcionales.

El número 3 tiene por cuadrado a 9, el duplo de 3 o sea 6, tiene por cuadrado a 36, y el triple de 3 o sea 9 tiene por cuadrado a 81, luego los números 3, 6 y 9 y sus respectivos cuadrados son valores interdependientes pero no son directamente proporcionales.

247.- Hay cantidades interdependientes que son directamente proporcionales en forma aproximada y dentro de límites determinados, que se utilizan para resolver problemas con resultados aceptables.

Por otra parte, hay también cantidades interdependientes que pertenecen a leyes o principios matemáticos, que son rigurosamente directamente proporcionales.

248.- RAZON POR COCIENTE es el resultado que se obtiene al dividir una cantidad "A" entre otra cantidad "B" o viceversa.

Entonces la razón por cociente puede tener por valor A/B ó B/A.

249.- CONSTANTE DE PROPORCIONALIDAD DIRECTA es la razón por cociente de dos cantidades interdependientes que son directamente proporcionales.

Así la longitud de una circunferencia y su diámetro son cantidades interdependientes directamente proporcionales, y que se relacionan en la forma,

$C = 3.1416\,d \quad \therefore \quad \frac{C}{d} = 3.1416$

La razón por cociente 3.1416 es la constante de proporcionalidad directa para todas las circunferencias y sus correspondientes diámetros.

Evidentemente para cada par de cantidades interdependientes que son directamente proporcionales, corresponderá un valor determinado de la constante de proporcionalidad directa.

250.- EXPRESION GENERAL. Aunque la letra k se utiliza en matemáticas como cualquier otra letra, es muy usual representar por k, a los valores que son o se supone que son constantes. Entonces, para indicar que las cantidades interdependientes M y N son directamente proporcionales, se utiliza la expresión general,

$$\frac{M}{N} = k$$

y consecuentemente, para cualquier valor de M y su correspondiente valor de N, se tiene:

$$\frac{M}{N} = k \qquad \frac{M_1}{N_1} = k \qquad \frac{M_2}{N_2} = k \ldots \frac{M_n}{N_n} = k$$

IGUALDAD FUNDAMENTAL DE LAS CANTIDADES INTERDEPENDIENTES DIRECTAMENTE PROPORCIONALES

251.- Con dos cualesquiera de los primeros miembros de las igualdades del número anterior se pueden formar igualdades tales como;

$\frac{M}{N} = \frac{M_1}{N_1} \qquad \frac{M_5}{N_5} = \frac{M_3}{N_3} \ldots \frac{M_4}{N_4} = \frac{M_n}{N_n}$ que reciben el nombre de

PROPORCIONES, cuya expresión general es de la forma,

$$\frac{M}{N} = \frac{M_n}{N_n} \qquad (1)$$

que es la igualdad fundamental buscada y a la que suele definirse como sigue:

PROPORCION es la igualdad de dos razones.

Es claro que a la igualdad fundamental (1) es aplicable toda la teoría desarrollada para las igualdades. (CAPITULO 5)

Las llamadas proporciones o sea la igualdad fundamental (1) tienen innumerables aplicaciones en la solución de problemas de cantidades interdependientes directamente proporcionales. En dichos problemas se desconoce una de las cuatro cantidades que intervienen en la proporción.

Ejemplos:

Problema. Con \$5432 se compran 2.6 kilogramos de determinada mercancía. ¿Qué cantidad de dinero se necesita para comprar 15.6 kilogramos de dicha mercancía?

Como las cantidades de dinero y los kilogramos de mercancía son directamente proporcionales, se tiene representando a la cantidad desconocida de dinero por x,

$$\frac{\$5432}{2.6\text{ Kg.}}=\frac{\$\,x}{15.6\text{ Kg.}} \quad \therefore \quad x=\frac{\$5432 \text{ x } 15.6\text{ Kg.}}{2.6\text{ Kg.}}=\$32592$$

se necesitan \$32592.

Problema. Un automóvil recorre a velocidad constante 60 kilómetros en 1 hora. ¿Cuántos metros recorrerá en 12 segundos?

Como a una velocidad constante, los caminos recorridos son directamente proporcionales a los tiempos, utilizando cantidades de la misma especie, se tiene:

$$\frac{60000\text{ m.}}{3600\text{ seg.}}=\frac{x\text{ m.}}{12\text{ seg.}} \quad \therefore \quad x=\frac{60000\text{ m. x } 12\text{ seg.}}{3600\text{ seg.}}=200\text{ m.}$$

recorrerá 200 m. en 12 seg.

252.- OBSERVACION IMPORTANTE. La igualdad fundamental (1) del número anterior de acuerdo con la teoría de las igualdades, permite establecer la proporcionalidad directa entre las cantidades, en varias formas como se indica enseguida:

Para mayor claridad en las explicaciones, se tomarán como cantidades interdependientes directamente proporcionales, los kilogramos “Q”, y los segundos “S”.

Se tiene entonces:

$$\frac{Q\ Kg.}{S\ seg.} = \frac{Q'\ Kg.}{S'\ seg.} \text{ de donde se deduce, } \frac{Q\ Kg.}{Q'\ Kg.} = \frac{S\ seg.}{S'\ seg.}$$

$$\frac{S\ seg.}{Q\ Kg.} = \frac{S'\ seg.}{Q'\ Kg.} \qquad \frac{S'\ seg.}{S\ seg.} = \frac{Q'\ Kg.}{Q\ Kg.}$$

CANTIDADES INTERDEPENDIENTES INVERSAMENTE PROPORCIONALES

253.- Dos cantidades interdependientes son inversamente proporcionales, cuando al hacerse una de ellas 2, 3, 4, … n veces MAYOR o MENOR, la otra se hace inversa y respectivamente 2, 3, 4, … n veces MENOR o MAYOR.

Ejemplos:

El precio de un artículo y el número de artículos que se pueden comprar con una cantidad determinada de dinero.

La longitud "L" y el ancho "a" del papel tapiz necesario para cubrir una superficie determinada.

La base "b" y la altura "h" de un triángulo de superficie determinada.

254.- CONSTANTE DE PROPORCIONALIDAD INVERSA, es el producto de dos cantidades interdependientes que son inversamente proporcionales.

En efecto, se tiene por definición, que si "P" y "Q" son dos cantidades interdependientes inversamente proporcionales, tendrán valores correspondientes tales como

$$2P \text{ y } \frac{Q}{2},\quad 3P \text{ y } \frac{Q}{3},\quad 4P \text{ y } \frac{Q}{4}, \ldots nP \text{ y } \frac{Q}{n}$$

De la observación cuidadosa de estos pares de valores, se deduce que tienen la propiedad de que el producto de cada par es igual a P Q, es decir, el producto es constante.

De aquí, que para indicar que las cantidades interdependientes "P" y "Q" son inversamente proporcionales se utiliza la expresión:

$PQ = k$

en donde "k" es la constante de proporcionalidad inversa.

Consecuentemente para cualquier valor P, P_1, P_2, ... P_n y su correspondiente Q, Q_1, Q_2, ... Q_n se tiene:

$P\,Q = k, \qquad P_1\,Q_1 = k, \qquad P_2\,Q_2 = k, \quad \ldots \quad P_n\,Q_n = k$

IGUALDAD FUNDAMENTAL DE LAS CANTIDADES INTERDEPENDIENTES INVERSAMENTE PROPORCIONALES

255.- Con dos cualesquiera de los primeros miembros de las igualdades del número anterior se pueden formar igualdades tales como,

$$P\,Q = P_1\,Q_1, \qquad P_4\,Q_4 = P_2\,Q_2, \qquad P_5\,Q_5 = P_n\,Q_n$$

De aquí que la igualdad fundamental de las cantidades interdependientes inversamente proporcionales, es de la forma general,

$$P\,Q = P_n\,Q_n$$

Es evidente que a esta igualdad es aplicable la teoría de las igualdades. (CAPITULO 5).

Esta igualdad tiene numerosas aplicaciones para resolver problemas de cantidades interdependientes inversamente proporcionales. En dichos problemas se desconoce una de las cuatro cantidades que forman la igualdad.

Ejemplos:

1° Para tapizar un muro, se ha calculado que son necesarios 26.8 metros de tapiz de 63 cm. de ancho ¿Cuántos metros de tapiz de 1.17 metros de ancho serán necesarios para cubrir el mismo muro?

Como en este problema la longitud y el ancho son cantidades inversamente proporcionales, se tiene:

$$26.8 \text{ m.} \times 63 \text{ cm.} = x \text{ m.} \times 117 \text{ cm.} \quad \therefore \quad x = \frac{26.8 \text{ m.} \times 63 \text{ cm.}}{117 \text{ cm.}} = 14.43 \text{ m.}$$

Se necesitan 14.43 m. de tapiz de 1.17 m. de ancho.

2° Un automóvil, a una velocidad uniforme de 57 Km./h., recorre determinada distancia en 6 horas ¿A qué velocidad recorrerá la misma distancia en 4.75 horas?

$$57 \text{ Km./h.} \times 6 \text{ h.} = x\ 4.75 \text{ h.} \quad \therefore \quad x = \frac{57 \text{ Km./h.} \times 6\text{h.}}{4.75 \text{ h.}} = 72 \text{ Km./h.}$$

ÁLGEBRA ELEMENTAL

CAPITULO 14

PRELIMINARES

256.- CANTIDAD es todo número en el que está indicada la especie de la unidad.

Son cantidades: 25 cuadernos; 14 kilogramos; 140 litros; 45 alumnos ... etc.

Hay numerosas cantidades cuya naturaleza las hace apropiadas para expresar: sentidos opuestos; efectos opuestos; direcciones opuestas; situaciones opuestas; ... etc., tales como: los desplazamientos hacia la derecha y hacia la izquierda a partir de un punto; fuerzas de sentidos opuestos que se aplican en un punto; cantidades de dinero que se tienen y cantidades de dinero que se adeudan; temperaturas sobre cero grados y temperaturas bajo cero grados ... etc.

CANTIDADES POSITIVAS Y CANTIDADES NEGATIVAS

257.- Con las cantidades, que en términos generales, se les puede llamar de "SENTIDOS OPUESTOS" no se puede operar matemáticamente aplicando los conocimientos de la "Aritmética Básica", y por lo mismo se introdujo el concepto de CANTIDADES DE SENTIDO POSITIVO y CANTIDADES DE SENTIDO NEGATIVO.

La elección de los sentidos positivo y negativo de una cantidad es convencional. Así: el dinero que se tiene son cantidades positivas y consecuentemente el dinero que se debe son cantidades negativas y viceversa; las mercancías que se depositan en un almacén son cantidades positivas y las que se sacan son cantidades negativas o viceversa.

SIGNOS DE SENTIDO

258.- Habiéndose demostrado y comprobado plenamente que utilizando los signos + y – para indicar el sentido de las cantidades, no conducía a confusiones ni a conclusiones contradictorias que no eran consecuentes con la ARITMETICA BASICA, se estableció que el sentido positivo de las cantidades se expresara anteponiéndoles el signo + y el sentido negativo anteponiéndoles el signo –.

Las cantidades precedidas del signo + se llaman cantidades positivas y las precedidas del signo –, cantidades negativas.

Así, –5 Kg., +6 m., –a°c son cantidades que tienen indicado su sentido.

NUMEROS ALGEBRAICOS

259.-Un número algebraico es un número que tiene indicado su sentido pero que carece de la especie de la unidad.

Los números algebraicos son también números positivos y números negativos.

Por convención los números algebraicos se encierran dentro de paréntesis.

Como se verá más adelante, los teoremas de la supresión de paréntesis establecidos en Aritmética, son aplicables también en Algebra y no conducen a conclusiones contradictorias.

Ejemplos:

(+15), (–18), (+a), ($-b^3$), (–2 b k) … etc.

VALOR ABSOLUTO DE UN NUMERO ALGEBRAICO

260.- Es el valor del número algebraico sin considerar su signo de sentido.

Ejemplos:

El número algebraico (–15) tiene un valor absoluto de 15.

El número algebraico (+2 a b) tiene un valor absoluto de 2 a b.

NUMEROS ALGEBRAICOS OPUESTOS

261.- Dos números algebraicos son opuestos, cuando tienen el mismo valor absoluto y signos de sentidos opuestos.

Ejemplos:
(+12) y (–12), (+b) y (–b)

REPRESENTACION GRAFICA DE LOS NUMEROS ALGEBRAICOS

262.- Convencionalmente, los números algebraicos pueden representarse gráficamente por medio de una línea recta en la que se han llevado divisiones iguales a la derecha y a la izquierda a partir de un punto cero. En la figura se han representado los números algebraicos (+5) y (–3).

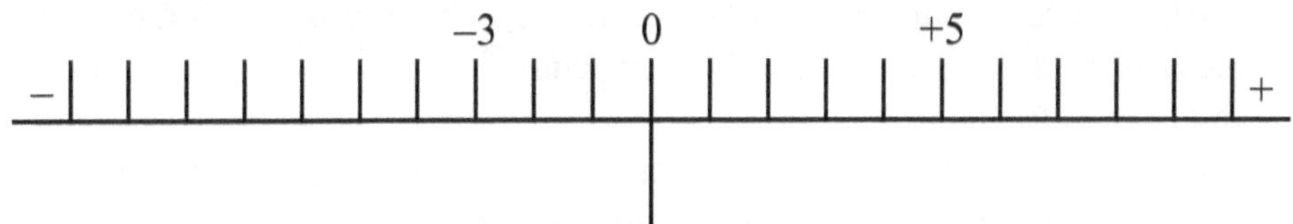

La línea recta puede ser también vertical o inclinada.

VALORES RELATIVOS DE LOS NUMEROS ALGEBRAICOS

263.- Se han establecido las convenciones siguientes:

1° Todo número algebraico positivo es mayor que cero. Así (+a)>0

2° De varios números algebraicos positivos, el mayor es el que tiene mayor valor absoluto. Así (+15)>(+10)

3° Todo número algebraico negativo es menor que cero. Así (–a)<0

4° De varios números algebraicos negativos, el mayor es el que tiene menor valor absoluto y consecuentemente, el menor es el que tiene mayor valor absoluto. Así (–9)>(–15) y (–20)<(–12).

CAPITULO 15

OPERACIONES CON LOS NUMEROS ALGEBRAICOS

264.- Las operaciones que se ejecutan con los números algebraicos son fundamentalmente las mismas que las que se ejecutan en Aritmética y los correspondientes signos de operación son también los mismos.

En consecuencia, en las operaciones con números algebraicos es necesario distinguir con toda claridad, cuáles son los signos de sentido y cuáles son los de operación.

La convención de encerrar los números algebraicos dentro de paréntesis, facilita la identificación de los signos.

Ejemplos:

$(+6) + (-2)$	El número $(+6)$ se suma con el número (-2).
$(+a) - (+b)$	Al número $(+a)$ se resta el número $(+b)$.
$(-3) \times (+5)$	y que como se sabe se escribe $(-3)\ (+5)$. El número (-3) se multiplica por el número $(+5)$.
$(-4a^2)\ (-5b)$	El número $(-4a^2)$ se multiplica por el número $(-5b)$.
$(+3)\ (-6)\ (+a^2)\ (-b)$	Es un producto de varios factores en el que los factores son $(+3)$, (-6), $(+a^2)$ y $(-b)$.

$[(+a)+(-b)+(-12)](-b^2)$	La suma de varios números algebraicos se multiplica por $(-b^2)$.
$\frac{(-6)}{(+4)}=(-6)/(+4)=(-6)\div(+4)$	El número (– 6) se divide entre el número (+ 4).
$(+5)^2\div(-2)^3$	El cuadrado del número (+ 5) se divide entre el cubo del número (– 2).
$(-2^3)+(+7)^2$	El número (-2^3) se suma al cuadrado del número (+ 7).
$(-a)^2(+a)^3$	El cuadrado del número (– a) se multiplica por el cubo del número (+ a).

265.- En las operaciones que se ejecutan con los números algebraicos, es evidente que se opera con los respectivos valores absolutos, obteniéndose resultados cuyo signo depende del tipo de operación que se ejecuta y de los signos de sentido de los números algebraicos con los que se opera.

Al operar con los valores absolutos, frecuentemente es necesario efectuar restas en las que el minuendo es menor que el substraendo.

Como se sabe, en Aritmética no es posible restar un número mayor de otro menor.

Sin embargo, con la introducción de los números negativos, dicha operación es posible mediante la aplicación del siguiente teorema.

266.- **TEOREMA.** Para restar un número mayor de otro menor, se resta el menor del mayor y al resultado se le asigna el signo negativo.

Ejemplos:

$4-10=-(10-4)=-6$ $\qquad$ $18-20=-(20-18)=-2$

Demostración

Representando: por "a" el número menor que hace las veces de minuendo; por "B" al número mayor que hace las veces de substraendo, y por "R" la diferencia, se tiene por la igualdad fundamental de la resta (45).

$a - B = R$ ó (116) $R = a - B$ que se puede poner (66) en la forma

$R = -(-a + B)$ $\therefore$ $R = -(B - a)$ L.Q.Q.D.

SUMA DE NUMEROS ALGEBRAICOS

267- Como al efectuar una suma de números algebraicos es condición indispensable que no se altere el TOTAL de unidades positivas y negativas de los números algebraicos que se van a sumar, son evidentes las propiedades siguientes de la suma.

268.- La suma de números algebraicos positivos es un número algebraico positivo cuyo valor absoluto es igual a la suma de los valores absolutos.

Ejemplo:

$(+5) + (+6) = +(5 + 6) = +11 = 11$

Si se opera aplicando el teorema (64) de la supresión de paréntesis, se obtiene:

$(+5) + (+6) = 5 + 6 = 11$

Observación

268-A.- **El signo + de + 11 del primer ejemplo se suprime por convención, pero debe tenerse presente que es +.**

269.- La suma de números algebraicos negativos es igual al número algebraico negativo, cuyo valor absoluto es igual a la suma de los valores absolutos.

Ejemplo:

$(-5) + (-2) = -(5 + 2) = -7$

Si se opera por supresión de paréntesis (64),

$(-5) + (-2) = -5 - 2 = -(5 + 2) = -7$

(66)

270.- En una suma de números algebraicos, dos o más de ellos pueden substituirse por su suma efectuada.

Ejemplo:

$$(+12) + (-5) + (+3) + (-4) = +(+15) + (-9)$$

271.- Un número algebraico puede substituirse por sus propios sumandos.

Ejemplos:
(+ 10) + (+7) = (+ 6) + (+ 4) + (+7)
(+ 6) + (– 10) = (+ 5) + (+ 1) + (– 2) + (– 8)

272.- En una suma de números algebraicos, el orden de los sumandos no altera el valor de la suma.

Ejemplo:
(+ 5) + (– 2) + (+ 3) = (+ 3) + (+ 5) + (– 2)

273.- La suma de dos números algebraicos opuestos es igual a cero.

Ejemplos:
1° (+ 8) + (– 8) = 0 2° $(+ a^2 b) + (- a^2 b) = 0$

Si se aplica el teorema de la supresión de paréntesis, resulta:
1° (+ 8) + (– 8) = 8 – 8 = 0
2° $(+ a^2 b) + (- a^2 b) = a^2 b - a^2 b = 0$

El teorema siguiente es fundamental para la operación de sumar.

274.- **TEOREMA.** Para sumar un número algebraico negativo, se resta su valor absoluto.

Ejemplos:
1° (+ 5) + (– 2) = 5 – 2 = 3 2° (+ 6) + (–10) = 6 – 10 = – 4
(266)

Demostración
Sea la suma (+ a) + (– b)
1° a > b
(+ a) puede descomponerse en la suma de "b" unidades positivas, más (a – b) unidades también positivas, es decir, (+ a) = (+ b) + (a – b)
Substituyendo este valor en la suma dada, resulta:
(+ a) + (– b) = (+ b) + (a – b) + (– b) = + (a – b) = a – b
(273) (268-A)
∴ (+ a) + (– b) = a – b

2º $a < b$

(– b) puede descomponerse en la suma de "a" unidades negativas, más (a – b) unidades que (266) también resultan negativas, es decir (– b) = (– a) + (a – b).

Substituyendo este valor en la suma dada, resulta:

$(+ a) + (- b) = (+ a) + (- a) + (a - b) = + (a - b) = a - b$

(273) (268-A)

Por último, en el caso de tener la suma (– a) + (– b) se obtiene:

$(- a) + (- b) = - (a + b) = - a - b$

(269) (65)

Con todo lo anterior queda demostrado el teorema.

SUMA DE NUMEROS ALGEBRAICOS

275.- En la suma de números algebraicos se presentan los cuatro casos siguientes que se resuelven aplicando el teorema (274) y las propiedades de la suma.

Primero. Dos números positivos.

$(+ a) + (+ b) = + (a + b) = a + b$

(268)

resultado que también se obtiene aplicando el teorema de la supresión de paréntesis, es decir

$(+ a) + (+ b) = a + b$

Segundo. Un número positivo más un número negativo.

$(+ a) + (- b) = a - b$

(274)

También por supresión de paréntesis, $(+ a) + (- b) = a - b$

Tercero. Un número negativo más un número positivo

$(- a) + (+ b) = (+ b) + (- a) = b - a$

(272) (274)

O también por supresión de paréntesis $(- a) + (+ b) = - a + b = b - a$

Cuarto. Dos números negativos

$(- a) + (- b) = - a - b$

(274)

O también por supresión de paréntesis $(- a) + (- b) = - a - b$

276.- **Como puede observarse, es preferible operar suprimiendo paréntesis de acuerdo con los respectivos teoremas de Aritmética.**

Ejemplos:
1° $(+5) + (-8) + (-6) + (+4) = 5 - 8 - 6 + 4 = -5$
2° $(+a) + (+a^2) + (-m^3) = a + a^2 - m^3 = a(1 + a) - m^3$
(85)

RESTA DE NUMEROS ALGEBRAICOS

277.- **La igualdad fundamental de la resta vista en Aritmética, también es aplicable a la resta de números algebraicos, solamente que es necesario observar determinados principios debido a la introducción de los números negativos.**

El teorema siguiente es fundamental para la operación de restar.

278.- **TEOREMA.** Para restar un número algebraico se cambia su signo y se opera algebraicamente con su valor absoluto.

Ejemplos:
1° $(+5) - (+2) = 5 - 2 = 3$ 2° $(-6) - (-2) = -6 + 2 = -4$
(266)
3° $(+a) - (-b) = a + b$ 4° $(-a) - (+b) = -a - b$
Demostración

La demostración comprende los ocho casos siguientes, en los cuales se aplican sucesivamente los teoremas de las igualdades (CAPITULO 5), para demostrar el teorema.

Primero. Un número positivo menos un número positivo.
$(+M) - (+S) = (+R)$ $(+M) = (+R) + (+S)$ $M = R + S$ $R = M - S$
Segundo. Un número positivo menos un número negativo.
$(+M) - (-S) = (+R)$ $(+M) = (+R) + (-S)$ $M = R - S$ $R = M + S$
(274)
Tercero. Un número negativo menos un número positivo.
$(-M) - (+S) = (+R)$ $(-M) = (+R) + (+S)$ $-M = R + S$ $R = -M - S$
(268)
Cuarto. Un número negativo menos un número negativo.
$(-M) - (-S) = (+R)$ $(-M) = (+R) + (-S)$ $-M = R - S$ $R = -M + S$
(274)

Para los cuatro casos restantes en los que la resta es negativa, y siguiendo un procedimiento semejante se obtienen resultados que demuestran el teorema.

279.- Obsérvese que por supresión de paréntesis se obtienen los mismos resultados anteriores.

Se tiene entonces respectivamente para los cuatro casos expuestos,

1° $(+M) - (+S) = (+R) \quad \therefore \quad R = M - S$

2° $(+M) - (-S) = (+R) \quad \therefore \quad R = M + S$

3° $(-M) - (+S) = (+R) \quad \therefore \quad R = -M - S$

4° $(-M) - (-S) = (+R) \quad \therefore \quad R = -M + S$

280.- De lo visto anteriormente sobre la suma y la resta de números algebraicos, se deduce que, para ejecutar dichas operaciones, basta aplicar los teoremas de supresión de paréntesis (64) y (65) y ejecutarse algebraicamente las operaciones que resulten, con los valores absolutos.

De aquí, la siguiente regla:

281.- **REGLA.** En la suma y en la resta de números algebraicos se opera tomando como sumandos los valores absolutos respectivos, si el signo de operación y el signo de sentido son iguales, y como substraendos si los signos son diferentes.

Es costumbre expresar esta regla como sigue:

En la suma y en la resta de números algebraicos, signos iguales dan + y signos diferentes dan –

Ejemplos:

1° $(+5) + (-2) - (-6) = 5 - 2 + 6 = 9$

2° $(+5 \times 2) - (-8) + (-4 \times 6) - (+14) = 10 + 8 - 24 - 14 = -20$

3° $(+a) - (-b^2 c) + (-m^3) = a + b^2 c - m^3$

4° La operación $a + b - c$ puede provenir de la expresión,

$-(-a) + (+b) + (-c)$ ó de $(+a) - (-b) - (+c)$ y de cualquier forma, al operar se obtiene el mismo resultado.

Observación

La forma de operar según esta regla, confirma que los signos de sentido, los signos de operación y los paréntesis que se utilizan en los números algebraicos, son conceptos matemáticos correctos,

que no dan lugar a contradicciones ni confusiones, con la teoría de la "Aritmética Básica".

MULTIPLICACION DE NUMEROS ALGEBRAICOS

282.- Todos los teoremas correspondientes a la multiplicación, establecidos en Aritmética, son aplicables a los números algebraicos observando, desde luego, los principios que se establecerán enseguida.

283.- **TEOREMA.** El producto de dos números algebraicos de signos iguales es positivo, y el de dos números algebraicos de signos diferentes es negativo.

Ejemplos:

1° $(+3)(+5) = +15 = 15$ 2° $(-4)(-6) = +24 = 24$

3° $(+6)(-2) = -12$ 4° $(-8)(+3) = -24$

Demostración

Primero. Un número positivo por un número positivo.

Sea el producto (+ 5) (+ 3) que por definición de multiplicación, se tiene:

$$(+5)(+3) = (+5) + (+5) + (+5) = 5 + 5 + 5 = 5 \times 3 = 15$$

(281)

Segundo. Un número negativo por un número positivo.

Sea el producto (– 4) (+ 3) del que resulta análogamente,

$$(-4)(+3) = (-4) + (-4) + (-4) = -4 - 4 - 4 = -(4 \times 3) = -12$$

(281) (67)

Tercero. Un número positivo por un número negativo.

Sea el producto (+ 5) (– 2)

Si el segundo factor (– 2) fuera (+ 2), el factor (+ 5) debería ser repetido 2 veces como sumando pero como dicho segundo factor es (– 2), el factor (+ 5) debe ser repetido 2 veces en el sentido opuesto, es decir, como substraendo, luego

$$(+5)(-2) = -(+5) - (+5) = -5 - 5 = -5 \times 2 = -10$$

(281) (67)

Cuarto. Un número negativo por un número negativo.

Sea el producto (– 5) (– 3)

Análogamente, como el segundo factor es (– 3), el factor (– 5) debe repetirse 3 veces, no como sumando, sino 3 veces en sentido opuesto, es decir, como substraendo, luego,

$$(-5)(-3) = -(-5) - (-5) - (-5) = 5 + 5 + 5 = 5 \times 3 = 15$$

(281)

Con los resultados obtenidos en los casos anteriores, queda demostrado el teorema.

DIVISION DE NUMEROS ALGEBRAICOS

284.- Los teoremas de la división establecidos en Aritmética, son válidos para la división de números algebraicos, observando los principios contenidos en el siguiente teorema.

285.- **TEOREMA.** El cociente de dos números algebraicos de signos iguales es positivo y el de dos números algebraicos de signos diferentes es negativo.

Ejemplos:

1° $\frac{(+10)}{(+2)} = 5$ 2° $\frac{(-12)}{(-6)} = 2$ 3° $\frac{(+18)}{(-3)} = -6$ 4° $\frac{(-9)}{(+3)} = -3$

Demostración

La demostración requiere del estudio de cuatro casos que se resolverán aplicando la igualdad fundamental de la división D = d c (60) y el teorema número (283).

Primero. Un número positivo entre un número positivo.

Sea la división $\frac{(+a)}{(+b)} = c$ Entonces

$(+ a) = (+ b)\,c$ (60) y por (283), c necesariamente debe ser positiva,

luego $\frac{(+a)}{(+b)} = c$

Segundo. Un número negativo entre un número negativo.

Sea la división $\frac{(-a)}{(-b)} = c$

Análogamente $(- a) = (- b)\,c$ y por (283), c necesariamente debe ser positiva, luego,

$$\frac{(-a)}{(-b)} = c$$

Tercero. Un número positivo entre un número negativo.

Sea la división $\frac{(+a)}{(-b)} = c$

$(+a) = (-b)\,c$ en donde (283), c debe ser negativo, luego

$$\frac{(-a)}{(+b)} = (-c)$$

Cuarto. Un número negativo entre un número positivo.

Sea la división $\frac{(-a)}{(+b)} = c$

$(-a) = (+b)\,c$ en donde (283), c debe ser negativo, luego

$$\frac{(-a)}{(+b)} = (-c)$$

Con estos casos queda demostrado el teorema.

REGLA GENERAL DE LOS SIGNOS DE OPERACION Y DE SENTIDO DE LOS NUMEROS ALGEBRAICOS

286.- Por sencillez y con el fin de ejecutar con facilidad la SUMA, la RESTA, la MULTIPLICACION y la DIVISION de NUMEROS ALGEBRAICOS, es conveniente aprovechar la similitud que hay entre los signos que se obtienen en los resultados de estas operaciones y enunciar la siguiente “regla general de los signos” redactada en forma un tanto convencional.

287.- **REGLA.** EN LA SUMA, LA RESTA, LA MULTIPLICACION Y LA DIVISION DE NUMEROS ALGEBRAICOS,

SIGNOS IGUALES DAN +
SIGNOS DIFERENTES DAN –

OPERACIONES COMBINADAS DE NUMEROS ALGEBRAICOS

288.- Es muy frecuente encontrar expresiones en las que uno o varios productos o cocientes de números algebraicos, son sumandos o substraendos.

Para operar con estas expresiones se aplica el teorema (68), observando la regla general de los signos (287).

Ejemplos:

1° $$(-5\times 2)+\frac{(+10)}{(-2)}+(-8)-(-26)=(-10)+(-5)+(-8)-(-26)$$
$$=-10-5-8+26=-23+26=3$$

2° $$\frac{(+a)}{(-b)}(-2\ a\ b)+(-2a)=\left(-\frac{a}{b}\right)(-2\ a\ b)+(-2a)$$
$$=\frac{a\ 2\ a\ b}{b}-2a=2a^2-2a=2a(a-1)$$

3° $$\frac{(+a^2)}{(-b^2)}\ \frac{(-2)}{(-a)}=\left(-\frac{a^2}{b^2}\right)\left(+\frac{2}{a}\right)=-\frac{2a^2}{b^2a}=-\frac{2a}{b^2}$$

PRODUCTO DE VARIOS NUMEROS ALGEBRAICOS

289.- Los productos de varios números algebraicos se obtienen aplicando los teoremas respectivos de Aritmética y la regla general de los signos.

Ejemplos:

1° $(-2 \times 6)(+3)(-8) = (-12)(+3)(-8) = (-36)(-8) = 288$

Resultado que se obtiene diciendo: el – (de 12) por el + (de 3), da –, y este – por el – (de 8), da + ; o más brevemente, – por +, da –, por –, da + ; y por otra parte, 12 x 3 x 8 = 288

2° $(+b^2)(-a)(+6) = -b^2\ a\ 6$ que por claridad y conveniencia en la escritura se escribe, $= -6\ a\ b^2$

POTENCIAS DE LOS NUMEROS ALGEBRAICOS

290.- Según la definición de potencia, los teoremas sobre potencias vistos en Aritmética y la regla general de los signos se pueden resolver los siguientes ejemplos:

1° $(+6)^2 - (-2)^3 + (+3)^2 = (+36) - (-8) + (+9) = 36 + 8 + 9 = 53$
2° $(-3^2) + (-3^2) = (-9) + (-9) = -9 - 9 = -18$
3° $(+3)^3 - (+6^2) + (-2)^2 = (+27) - (+36) + (+4) = 27 - 36 + 4 = -5$
4° $(+a^2)(-a)^2 = (+a^2)(+a^2) = a4$
5° $(+a^3) + (-a)^3 = (+a^3) + (-a^3) = a^3 - a^3 = 0$

Las potencias enteras de los números negativos tienen la siguiente propiedad que se deduce fácilmente.

291.- Las potencias pares de los números negativos son positivas y las potencias impares son negativas.

Así $(-3)^4 = 81$ $(-5)^2 = 25$ $(-2)^3 = -8$ $(-1)^5 = -1$

DIVISION DE DOS POTENCIAS DE UN NUMERO ALGEBRAICO

292.- El teorema (98) es aplicable al caso de la división de dos potencias de un número algebraico de lo que resulta un teorema de aplicación general, es decir, aplicable a cualesquiera valores de los exponentes de las potencias.

En efecto, sea la división $\frac{b^m}{b^n}$ cuyo cociente es una potencia desconocida de "b" o sea $\frac{b^m}{b^n} = b^x$

De esta igualdad se obtiene $b^m = b^n b^x$ ó según (93) $b^m = b^{n+x}$
Entonces $m = n + x$ y $x = m - n$

Consecuentemente, la división $\frac{b^m}{b^n} = b^x$, se convierte en $\frac{b^m}{b^n} = b^{m-n}$

De aquí que: si $m > n$, "x" es positiva; si $m < n$, "x" es negativa (266)

Así: $\frac{b^7}{b^4}=b^3$ $\frac{b^6}{b^8}=b^{-2}$ $\frac{a^3}{a^4}=a^{-1}$

Obsérvese que los números algebraicos pueden tener exponentes positivos y exponentes negativos.

Los exponentes negativos pueden convertirse a exponentes positivos mediante el siguiente teorema, que es en esencia, la aplicación del teorema (100) a los números algebraicos.

293.- **TEOREMA.** Todo número elevado a una potencia negativa es igual a la unidad dividida por el número elevado a la potencia positiva.

Ejemplos:

$$b^{-2}=\frac{1}{b^2} \qquad (a\,x^2+c)^{-3}=\frac{1}{(a\,x^2+c)^3} \qquad d^{-m}=\frac{1}{d^m}$$

Demostración

Se sabe que el cociente $\frac{b^m}{b^n}=b^{m-n}$ ó $b^{m-n}=\frac{b^m}{b^n}$

Dividiendo el numerador y el denominador de la fracción del segundo miembro, por b^m resulta,

$$b^{m-n}=\frac{b^m/b^m}{b^n/b^m}=\frac{1}{b^{n-m}} \qquad \therefore \qquad b^{m-n}=\frac{1}{b^{n-m}}...(1)$$

Ahora bien, si $m < n$, $m - n$ es un número negativo que se puede representar por $-q$, es decir, $m - n = -q$ y consecuentemente $n - m = q$.

Substituyendo los valores de "q" en la igualdad (1) se obtiene,

$$b^{-q}=\frac{1}{b^q}$$

L.Q.Q.D.

294.- También el teorema (99) es aplicable a los exponentes negativos, como se demostrará más adelante (CAPITULO 18). Se tiene entonces:

$$\frac{b^{-n}}{b^{-n}}=1 \ldots(1) \qquad y \qquad \frac{b^{-n}}{b^{-n}}=b^{-n-(-n)} \qquad ó \qquad \frac{b^{-n}}{b^{-n}}=b^{0} \ldots(2)$$

y de las igualdades (1) y (2) se deduce que $b^0 = 1$ L.Q.Q.D.

CAPITULO 16

EXPRESIONES ALGEBRAICAS

295.- EXPRESION ALGEBRAICA es la indicación de una o más operaciones que deben efectuarse con los números algebraicos.

$ax^2 - 2b^3 \qquad -m^2 \quad b^2 + \frac{m - n^2}{2\,a\,b} + c \qquad 18\,m - 2\,(c^2 - a)$ son expresiones algebraicas.

Por convención, si el primer término (101) de una expresión algebraica es positivo, no se le antepone el signo +.

VALOR NUMERICO DE UNA EXPRESION ALGEBRAICA

296.- El valor numérico de una expresión algebraica, es el resultado que se obtiene al substituir todas la literales por sus valores y efectuar las operaciones indicadas. Para el objeto se utiliza el teorema (68).

Ejemplos:

Deducir el valor numérico de las siguientes expresiones algebraicas:

1° $\quad 2\,a^2\ 3\,b + 1$ si $a = 5$ y $b = 6$

$$2 \times 5^2 - 3 \times 6 + 1 = 50 - 18 + 1 = 33$$

2° $\quad a + \frac{b - c}{a^2 - b} - a\,b\,c$ si $a = 3$ $b = 10$ y $c = 5$

$$3 + \frac{10 - 5}{3^2 - 10} - 3 \times 10 \times 5 = 3 + \frac{5}{-1} - 150 = 3 - 5 - 150 = -152$$

3° $m - m\,n^3 - \frac{2n}{m}$ si $m = 4$ y $n = -2$

$$4 - 4\,(-2)^3 - \frac{2\,(-2)}{4} = 4 - (-32) - \frac{-4}{4} = 4 + 32 + 1 = 37$$

4° $2\,x^{a+1} - (x^3 - 3\,a\,x^2 + a^2)$ si $a = -2$ y $x = -3$

$$2\,(-3)^{-1} - (-3)^3 + 3\,(-2)\,(-3)^2 - (-2)^2$$

$$= 2\frac{1}{(-3)^1} - (-27) + 3\,(-2)\,9 - 4 = -0.666 + 27 - 54 - 4 = -31.666$$

COEFICIENTE

297.- En un término (101) que es un producto de varios factores, al primer factor se le llama coeficiente, que puede ser literal o numérico.

Para facilitar las operaciones que se ejecutan con las expresiones algebraicas, las literales de los términos se escriben en orden alfabético y los coeficientes numéricos, si los hay, al principio del término al que pertenecen. Al respecto, es muy importante recordar que un coeficiente indica el número de veces que entra como sumando el resto del término (29 y 30) o como substraendo (67).

Así: $2\,a^2\,b = a^2\,b + a^2\,b$ $\quad -3\,a\,c^3\,m^4 = -a\,c^3\,m^4 - a\,c^3\,m^4 - a\,c^3\,m^4$

$a\,b^2 = b^2 + b^2 + b^2 + \ldots$ (hasta "a" sumandos iguales a b^2)

A los términos que carecen de coeficiente numérico, se les puede considerar con un coeficiente igual a la unidad, sin que se altere su valor.

TERMINOS SEMEJANTES

298.- Dos o más términos son semejantes, cuando: tienen la misma forma; sus literales y sus respectivos exponentes son idénticos; sus coeficientes son iguales o diferentes, y sus signos son iguales o diferentes.

Así, son términos semejantes,

1° $12\,a^3\,b\,m$ $\quad -a^3\,b\,m$ $\quad$ y $\quad 5\,a^3\,b\,m$

2° $16\frac{a^4m}{m-2}$ $\quad -\frac{6a^4m}{m-2}$ $\quad$ y $\quad \frac{a^4m}{m-2}$

Por otra parte, aunque $-5a^2b^3c$ $\quad 10\frac{1}{a^2b^3c}$ y $\frac{a^2b^3}{c}$ tienen literales iguales afectadas de los mismos exponentes, no son término semejantes por no tener la misma forma.

REDUCCION DE TERMINOS SEMEJANTES

299.- Dos o más términos semejantes que pertenecen a una expresión algebraica, pueden reducirse a uno solo cuyo coeficiente es el resultado de operar algebraicamente con los coeficientes de dichos términos semejantes sin que se altere el valor de la expresión algebraica.

En efecto, el significado de coeficiente (297) y el contenido del número (62) conducen a operar de este modo.

Ejemplos:

1° $\quad 2\,b^2\,c + m\,n - 5\,b^2\,c - b\,c + 9\,b^2\,c = 6\,b^2\,c + m\,n - b\,c$

puesto que de 2 sumandos iguales a $b^2\,c$, menos 5 substraendos iguales a $b^2\,c$, más 9 sumandos iguales a $b^2\,c$ se obtienen 6 sumandos iguales a $b^2\,c$.

2° $\quad -3\,a\,x^2\,y - 5\,a\,x\,y + 9\,a\,x\,y^2 + 7\,a\,x^2\,y - 2\,x\,y - 2\,a\,x\,y^2$

De los términos semejantes cuyas literales son $a\,x^2\,y$, se obtiene, $4\,a\,x^2\,y$.

De los términos semejantes cuyas literales son $a\,x\,y^2$, se obtiene, $7\,a\,x\,y^2$.

Consecuentemente, con la reducción de términos semejantes se obtiene la expresión $4\,a\,x^2\,y - 5\,a\,x\,y + 7\,a\,x\,y^2 - 2\,x\,y$ que es del mismo valor de la expresión dada.

3° $\quad 5x^3 - 6a^2 + 3\frac{m^2-2}{2k} - 6a^2 - 2\frac{m^2-2}{2k} = 5x^3 - 12a^2 + \frac{m^2-2}{2k}$

4° $a\,m\,x^2 - m^2\,n - b\,m\,x^2 + d\,m^2 + c\,m\,x^2$

$= (a - b + c)\,m\,x^2 + (d - n)\,m^2$ puesto que hay dos grupos de términos semejantes: el que contiene las literales $m\,x^2$, y el que contiene las literales m^2.

Observaciones

Primera. Las operaciones algebraicas que se ejecutan con los coeficientes de los términos semejantes, generalmente se pueden hacer de memoria.

Segunda. Para facilitar las operaciones, los términos semejantes que se reducen, se marcan o se subrayan utilizando una marca diferente para cada grupo.

Tercera. No es un error matemático dejar de efectuar alguna reducción de los términos semejantes de una expresión algebraica, sino simplemente es una omisión que de ninguna manera altera el valor de la expresión. Sin embargo, en las operaciones algebraicas es muy conveniente y en la mayoría de los casos, necesario, operar con expresiones lo más sencillas posible.

TERMINOS OPUESTOS

300.- Dos términos son opuestos cuando son idénticos en todas sus partes, pero tienen signos opuestos.

$5b^3x^2$ y $-5b^3x^2$; $-\dfrac{a\,b^2+c}{x\text{-}1}$ y $\dfrac{a\,b^2+c}{x-1}$ son términos opuestos.

Como una consecuencia de la reducción de los términos semejantes, el valor de dos términos opuestos que pertenecen a una expresión algebraica, es igual a cero; o como se dice en lenguaje común, DOS TERMINOS OPUESTOS SE DESTRUYEN.

Ejemplo:

$3\,a\,x^2 + b\,x - 3\,a\,x^2 + c^2 + 3\,a\,x^2 - c^2 = b\,x + 3\,a\,x^2$

MONOMIO

301.- Monomio es la expresión algebraica que consta de un solo término (101).

$-d^3$, m^4, $12\,a\,b^3c^4d$, $-\dfrac{12\,a+x^2}{m-z}$, $-7\,m\,x^2$ son monomios.

El signo de un monomio es un signo de sentido (258). Dicho signo pertenece al resultado de las operaciones que se indican en el monomio.

Sin embargo, el signo de sentido de un monomio puede ser substituido por el signo de sentido opuesto.

Así, $-2ax$ puede convertirse en $2(-ax)$, $x(-2)a$, $(-2a)x$, $-(+2ax)$ … etc.

Estas transformaciones facilitan, en numerosos casos, las operaciones que se ejecutan con las expresiones algebraicas.

BINOMIO

302.- Binomio es la expresión algebraica que consta de dos términos.

$$a+b, \quad -ax^2+6b, \quad m-\frac{2ax^3+b}{15}, \quad \frac{x^2}{2}-\frac{a}{b} \quad \text{son binomios.}$$

TRINOMIO

303.- Trinomio es la expresión algebraica que consta de tres términos.

$$ax^2+bx+c, \quad \frac{a}{b}-\frac{k-1}{2}+6m^2, \quad u+b+c, \quad \text{son trinomios.}$$

POLINOMIO

304.- En general, toda expresión algebraica que consta de dos o más términos recibe el nombre de polinomio.

SUMA ALGEBRAICA

305.- Suma algebraica es toda expresión algebraica cuyos términos son: términos positivos, términos negativos, o términos positivos y negativos.

Así, la expresión $2a^2x - 5b^2m - 3a/m + m^2$ es una suma algebraica, puesto que se puede poner en la forma $(+2a^2x)+(-5b^2m)+(-3a/m)+(+m^2)$. También,

$$4-2+6\times5-19-3/5=(+4)+(-2)+(+6\times5)+(-19)+(-3/5)$$

Consecuentemente, UN POLINOMIO ES LA EXPRESION DE UNA SUMA ALGEBRAICA y su valor numérico (296) puede ser un número positivo o negativo.

SIMPLIFICACION DE UNA EXPRESION ALGEBRAICA

306.- La simplificación de una expresión algebraica es la operación que tiene por objeto convertirla a la forma más sencilla posible, sin que se altere su valor.

Evidentemente, puede ejecutarse cualquier operación que sea posible, como la suma, la resta, la multiplicación, la división, la factorización (85 y 88), la reducción de términos semejantes (299) o la supresión dos a dos de términos opuestos (300), con tal de que la expresión algebraica que se obtenga, sea de la forma más sencilla sin que se altere su valor.

La simplificación depende, por lo tanto, de la habilidad, los conocimientos y el criterio del operador, así como del objeto de la simplificación.

Por ejemplo, de las expresiones siguientes $R_2 = \left(\frac{N}{R_1} + R_1\right)\frac{1}{2}$ y $R_2 = \frac{R_1^2 + N}{2R_1}$, para varios autores les parece que la forma más sencilla es la segunda,

ya que así la presentan en sus obras. Sin embargo, la primera es más sencilla para el cálculo de R_2.

La simplificación más usual, y digámoslo así, LA DE RIGOR, es la reducción de términos semejantes, la supresión dos a dos de términos opuestos y la factorización.

GRADO DE UN TERMINO

307.- El grado de un término es igual a la suma de los exponentes de sus literales.

En $3a^2x^3 - abc + 7ab + 3\frac{a^7}{b}$, el primer término es de 5° grado; el segundo término de 3°; el tercero de 2° y el último de 6° grado.

308.- ORDENAR UN POLINOMIO es la operación que tiene por objeto disponer sus términos de acuerdo con el grado creciente o decreciente de los mismos.

309.- ORDENAR UN POLINOMIO CON RELACION A UNA LITERAL, es disponer sus términos de acuerdo con las potencias crecientes o decrecientes de dicha literal.

La literal elegida para ordenar un polinomio se llama **"letra ordenatriz"**.

El polinomio $2\,a\,b^2\,x^4 + 5\,x^3\,y^2 - 3\,x^2 + 6\,x\,y^3$ está ordenado con relación a las potencias decrecientes de la letra ordenatriz x.

CAPITULO 17

OPERACIONES CON LAS EXPRESIONES ALGEBRAICAS

310.- En general, las operaciones con las expresiones algebraicas se ejecutan aplicando los teoremas de la "Aritmética Básica", y la regla de los signos a que se refiere el número (287).

SUMA

311.- Se presentan dos casos

Primer caso.

Sumar los monomios $12\,m\,n^3$, $4\,m\,x$, $-3\,a^2\,b^3$, $-8\,m\,n^3$ y $3\,a^2\,b^3$.

Por el significado de los signos de operación y los signos de sentido de los monomios (301), la suma queda expresada en la forma siguiente:

$(12\,m\,n^3) + (+4\,m\,x) + (-3\,a^2\,b^3) + (-8\,m\,n^3) + (+3\,a^2\,b^3)$

$= 12\,m\,n^3 + 4\,m\,x - 3\,a^2\,b^3 - 8\,m\,n^3 + 3\,a^2\,b^3$ que es la suma buscada a la que es conveniente simplificar (299 y 300) resultando,

$= 4\,m\,n^3 + 4\,m\,x = 4\,m\,(n^3 + x)$

Segundo caso.

Sumar los polinomios siguientes:

$x^2 - 4\,x\,y^2 + 3\,x\,y$ y $-5\,x^2 + 5\,x\,y^2 - 3\,x\,y + 2\,x^2\,y$

Como cada polinomio es un sumando la suma queda expresada como sigue:

$(x^2 - 4\,x\,y^2 + 3\,x\,y) + (-5\,x^2 + 5\,x\,y^2 - 3\,x\,y + 2\,x^2\,y)$

$= x^2 - 4\,x\,y^2 + 3\,x\,y - 5\,x^2 + 5\,x\,y^2 - 3\,x\,y + 2\,x^2\,y$ que es la suma que se busca y a la que conviene simplificar, obteniéndose,

$= -4\,x^2 + x\,y^2 + 2\,x^2\,y$

De los dos casos anteriores se deduce la siguiente regla:

312.- **REGLA.** Para sumar varias expresiones algebraicas se forma una sola expresión con las **"expresiones algebraicas sumandos"** con los respectivos signos de sus términos y se simplifica la expresión algebraica resultante.

Ejemplos:
Sumar las expresiones algebraicas siguientes:

1º $12ax^3$, $-5ab^2$, $3a - 7ax^3 + 2ab^2$, y $-3a$

$12ax^3 - 5ab^2 + 3a - 7ax^3 + 2ab^2 - 3a = 5ax^3 - 3ab^2$

2º $5mx - 3ay$, $2/3\,m^2 - 4mx + 1$, y $-m^2 - 6 + 3ay$

$5mx - 3ay + 2/3\,m^2 - 4mx + 1 - m^2 - 6 + 3ay = mx - 1/3\,m^2 - 5$

RESTA

313.- Se presentan dos casos.

Primero. Restar del monomio $4abx^2$ el monomio $-6am^3$ considerando los signos de sentido y de operación, la resta se expresa en la forma, $(4abx^2) - (-6am^3)$ que se transforma como sigue:

$(4abx^2) - (-6am^3) = 4abx^2 + 6am^3 = 2a(2bx^2 + 3m^3)$

Segundo. Restar del polinomio $5a^2x^3 + 3b^3x$ el polinomio $7a^2x^3 - 2y^3$

La resta queda expresada en la forma:

$(5a^2x^3 + 3b^3x) - (7a^2x^3 - 2y^3)$ de la que se obtiene:

$5a^2x^3 + 3b^3x - 7a^2x^3 + 2y^3 = -2a^2x^3 + 3b^3x + 2y^3$

De los dos casos anteriores, se deduce la siguiente regla.

314.- **REGLA.** Para restar de una expresión algebraica otra expresión algebraica, se forma una sola expresión con la **"expresión algebraica minuendo"**, seguida de la **"expresión algebraica substraendo"**, con los signos de los términos de esta última, cambiados y se simplifica la expresión algebraica resultante.

Ejemplos:

De $-7m^2x^3$ restar $-2m^2x^3$

$-7m^2x^3 + 2m^2x^3 = -5m^2x^3$

De $ax^2 + bx + c^3$ restar $-5bx + ax^2 - 4c^3 - b^2$

$ax^2 + bx + c^3 + 5bx - ax^2 + 4c^3 + b^2 = 6bx + 5c^3 + b^2$

De $7x^2y^3z - x^3y^2z + 5y^3z$ restar $2y^3z^2 + 3x^2y^3z - 2x^3y^2z$
$7x^2y^3z - x^3y^2z + 5y^3z - 2y^3z^2 - 3x^2y^3z + 2x^3y^2z$
$= 4x^2y^3z + x^3y^2z + 5y^3z - 2y^3z^2$

MULTIPLICACION

315.- Se presentan tres casos.

Primero. Multiplicación de un monomio por otro monomio.

Sea el producto del monomio $5a^2x^2y$ por el monomio $-2ab$ x^3

El producto del factor $5a^2x^2y$, por el factor $-2abx^3$ es un producto de dos números algebraicos que de acuerdo con sus signos de sentido se expresa en la forma $(5a^2x^2y)(-2abx^3)$

Por la regla de los signos (287) el producto debe tener el signo –.

Ahora bien, el producto de los valores absolutos de dichos números algebraicos, es el resultado que se obtiene de multiplicar el producto de varios factores $5a^2x^2y$ por el producto de varios factores $2abx^3$ que tiene (71) por valor $5a^2x^2y\,2abx^3$

Finalmente, por los números (72, 74 y 93) este producto se transforma sucesivamente como se indica:

De $5a^2x^2y\,2abx^3$ se obtiene $10a^3x^5yb$ y ordenando convenientemente los factores (297) resulta el producto $10a^3bx^5y$

Consecuentemente $(5a^2x^2y)(-2abx^3) = -10a^3bx^5y$

Es muy importante observar que las operaciones anteriores se SIMPLIFICAN NOTABLEMENTE aplicando de memoria los principios contenidos en los números a que se ha hecho mención.

Ejemplos:

1° $(-3a^2b^5m)(-2am^3) = 6a^3b^5m^4$

2° $(5d^2x)(-2a^3bd^3x) = -10a^3bd^5x^2$

Consecuentemente, para multiplicar un monomio por otro, se multiplica el **"primero y su signo"**, por el **"segundo y su signo"**, y el resultado se reduce a su más simple expresión.

Segundo. Multiplicación de un polinomio por un monomio.

El teorema (76) es aplicable a este caso, puesto que cualquier expresión algebraica que contiene términos positivos y términos negativos puede convertirse en una suma. Por lo tanto el producto

$(a\,x^2 - b\,m - y)\,(3\,b) \quad = [a\,x^2 + (-\,b\,m) + (-\,y)]\,(3\,b)$

$= (a\,x^2)\,(3\,b) + (-\,b\,m)\,(3\,b) + (-\,y)\,(3\,b)$

y efectuando los productos de los monomios,

$= 3\,a\,b\,x^2 + (-\,3\,b^2\,m) + (-\,3\,b\,y)$

$= 3\,a\,b\,x^2 - 3\,b^2\,m - 3\,b\,y$

Consecuentemente, los términos del producto se obtienen multiplicando cada **"término y su signo"** del polinomio por el **"monomio y su signo"** y el resultado se reduce a su más simple expresión.

Tercero. Multiplicación de un polinomio por otro polinomio.

El teorema (77) es aplicable a este caso puesto que los polinomios se pueden convertir en sumas, y la multiplicación de un polinomio por otro, en la multiplicación de una suma por otra suma. Así, el producto,

$(5\,a^2\,x - 2\,y^3)\,(-\,3\,x\,y + 4\,x^2\,y) = [5\,a^2\,x + (-\,2\,y^3)]\,[(-\,3\,x\,y) + (4\,x^2\,y)]$

que es el producto de dos sumas, el cual se obtiene como sigue:

$(5\,a^2\,x)\,(-\,3\,x\,y) + (5\,a^2\,x)\,(4\,x^2\,y) + (-2\,y^3)\,(-\,3\,x\,y) + (-\,2\,y^3)\,(4\,x^2\,y)$

en donde efectuando los productos de los monomios, resulta:

$(-\,15\,a^2\,x^2\,y) + (20\,a^2\,x^3\,y) + (+\,6\,x\,y^4) + (-\,8\,x^2\,y^4)$ y suprimiendo paréntesis,

$-\,15\,a^2\,x^2\,y + 20\,a^2\,x^3\,y + 6\,x\,y^4 - 8\,x^2\,y^4$

Por lo tanto para multiplicar un polinomio por otro, se multiplica cada **"término y su signo"** del primer polinomio por cada **"término y su signo"** del segundo, y el resultado se reduce a su más simple expresión.

De los tres casos anteriores se deduce la siguiente regla en la que es indispensable tener presente que cada término tiene por signo, el signo que le precede.

316.- **REGLA.** Para multiplicar una expresión algebraica por otra expresión algebraica: se multiplica cada TERMINO de la primera, por cada uno de los TERMINOS de la segunda; se suman los resultados y si procede, se simplifica la expresión algebraica resultante a su más simple expresión.

Ejemplos:
Efectuar los siguientes productos:

1° $(2x^3y - 5my^2 + 2)(-6x) = -12x^4y + 30mxy^2 - 12x$

2° $(ax^2 + bx^3 - c)(ax - 1) = a^2x^3 - ax^2 + abx^4 - bx^3 - acx + c$

$= ax(ax^2 - x + bx^3 - c) + c - bx^3$

o también $= ax^2(ax - 1 + bx^2) + c(1 - ax) - b$
x^3 … etc.

según sea el criterio del calculista y el objeto de la simplificación. En este caso la expresión más simple es el producto por efectuar.

PRODUCTOS NOTABLES

Los productos que se verán enseguida, se les conoce como PRODUCTOS NOTABLES y se les utilizan frecuentemente en la simplificación y en la conversión de expresiones algebraicas en productos de factores.

Para facilitar su aplicación, deben aprenderse de memoria. Los más usuales son como sigue:

317.- CUADRADO DE LA SUMA DE DOS NUMEROS

$(a + b)^2 = a^2 + 2ab + b^2$ que se obtiene de la correspondiente multiplicación,

$(a + b)(a + b) = a^2 + ab + ba + b^2 = a^2 + 2ab + b^2$

318.- CUBO DE LA SUMA DE DOS NUMEROS

$(a + b)^3 = a^3 + 3a^2b + 3ab^2 + b^3$ que se obtiene de:

$(a + b)^2(a + b) = (a^2 + 2ab + b^2)(a + b)$

$= a^3 + a^2b + 2a^2b + 2ab^2 + ab^2 + b^3$

$= a^3 + 3a^2b + 3ab^2 + b^3$

319.- CUADRADO DE LA DIFERENCIA DE DOS NUMEROS

$(a - b)^2 = a^2 - 2ab + b^2$ que se obtiene de:

$(a - b)(a - b) = a^2 - ab - ba + b^2 = a^2 - 2ab + b^2$

320.- CUBO DE LA DIFERENCIA DE DOS NUMEROS

$(a-b)^3 = a^3 - 3\,a^2 b + 3\,a b^2 - b^3$ que se obtiene de:

$$\begin{aligned}(a-b)^2 (a-b) &= (a^2 - 2\,a b + b^2)(a-b)\\ &= a^3 - a^2 b - 2\,a^2 b + 2\,a b^2 + b^2 a - b^3\\ &= a^3 - 3\,a^2 b + 3\,a b^2 - b^3\end{aligned}$$

321.- SUMA DE DOS NUMEROS POR SU DIFERENCIA

$(a+b)(a-b) = a^2 - b^2$ que se obtiene de:

$(a+b)(a-b) = a^2 - a b + b a - b^2 = a^2 - b^2$

322.- DOS SUMAS DE DOS NUMEROS CON UN SUMANDO IGUAL Y EL OTRO DIFERENTE

$(x+a)(x+b) = x^2 + a x + b x + a b$ que también se utiliza en la forma,

$x^2 + x(a+b) + a b$

322-A.- DOS DIFERENCIAS CON MINUENDOS IGUALES Y SUBSTRAENDOS DIFERENTES

$(x-a)(x-b) = x^2 - a x - b x + a b$ que también se utilizan en la forma,

$x^2 - x(a+b) + a b$

323.- Los productos notables pueden memorizarse, ya sea por medio de la expresión algebraica tomada como una fórmula, o por medio del enunciado literal de las características del producto respectivo, como se indica, por ejemplo, para los productos (317) y (318).

Para el producto (317).

Como fórmula: $(a+b)^2 = a^2 + 2\,a b + b^2$

Por el enunciado literal: el cuadrado de la suma de dos sumandos es igual: al cuadrado del primero, más el doble producto del primero por el segundo, más el cuadrado del segundo.

Para el producto (318).

Como fórmula: $(a+b)^3 = a^3 + 3\,a^2 b + 3\,a b^2 + b^3$

Por el enunciado literal: el cubo de la suma de dos sumandos es igual: al cubo del primero, más el triple producto del cuadrado del primero por el segundo, más el triple producto del primero por el cuadrado del segundo, más el cubo del segundo.

Matemáticamente, lo que se ha dado en llamar "Productos Notables", son teoremas cuyos contenidos son los enunciados literales de las características de dichos productos y las correspondientes demostraciones, los productos ejecutados.

Consecuentemente, son de aplicación general. Así por ejemplo, el producto del número (317) es aplicable al cuadrado de cualquier suma de dos sumandos.

Ejemplo del producto (319)

$$(-2\,a\,x^2 + 3\,a^3)^2 = (3\,a^3)^2 - 2\,(3\,a^3)\,(2\,a\,x^2) + (2\,a\,x^2)^2$$
$$= 9\,a^6 - 12\,a^4\,x^2 + 4\,a^2\,x^4$$

Evidentemente, se puede obtener el mismo resultado ejecutando el producto $(3\,a^3 - 2\,a\,x^2)\,(3\,a^3 - 2\,a\,x^2)$

Inversamente, cualquier expresión algebraica que tenga la forma de un "Producto Notable", puede substituirse por los factores respectivos.

Ejemplo para el producto (321).

$9\,m^2 - 4\,a^2\,x^6 = (3\,m + 2\,a\,x^3)\,(3\,m - 2\,a\,x^3)$

DIVISION

324.- Se presentan tres casos.

Primero. Dividir el monomio $-12\,a^3\,b^2\,x^4$ entre el monomio $3\,a^2\,b^2\,x$.

El cociente del producto $-12\,a^3\,b^2\,x^4$ entre el producto $3\,a^2\,b^2\,x$ es el cociente de dos números algebraicos que se expresa en la forma

$$\frac{-12\,a^3\,b^2\,x^4}{3\,a^2\,b^2\,x}$$

De la regla de los signos (287) el cociente debe tener el signo –.

Ahora bien, por el número (83) se puede dividir dividendo y divisor por un mismo número, y aplicando lo establecido en el número (81) se tiene sucesivamente:

1° Dividiendo dividendo y divisor por 3, $-\dfrac{4\,a^3\,b^2\,x^4}{1\,a^2\,b^2\,x}$

2° Dividiendo dividendo y divisor por a^2, $-\dfrac{4\,a\,b^2\,x^4}{1\ x\ 1\ x\ b^2\ x}$

3° Dividiendo dividendo y divisor por b^2, $-\dfrac{4\,a\,1\,x^4}{1\ x\ 1\ x\ 1x}$

4° Dividiendo dividendo y divisor por x, $-\dfrac{4\,a\,1\,x^3}{1\ x\ 1\ x\ 1}$

Consecuentemente, el cociente tiene por valor $-4\,a\,x^3$

Las operaciones anteriores se simplifican notablemente: aplicando de memoria los principios mencionados; tachando en el dividendo y en el divisor, los factores que se reducen, y anotando los resultados como sigue:

$$\begin{array}{l} 4a\ \ 1\ \ x^3 \\ -\dfrac{12a^3\,b^2\,x^2}{3a^2\,b^2\,x} = -4\,a\,x^3 \\ 1\,1\ \ 1\ \ 1 \end{array}$$

La división se prueba según el número (60), obteniéndose,

$(3\,a^2\,b^2\,x)\,(-4\,a\,x^3) = -12\,a^3\,b^2\,x^4$

Es evidente que los factores que no se pueden reducir permanecen sin ninguna alteración.

Así, en $(-20\,x^2y^3z)(-3\,axy^2) = \dfrac{20\,x\,y\,z}{3a}$ que es el cociente cuyo valor se comprueba por medio del producto según, (202).

$$(-3\,a\,x\,y^2)\frac{20\,x\,y\,z}{3a} = \frac{-60\,a\,x^2\,y^3\,z}{3a} = -20\,x^2\,y^3\,z$$

Ejemplos:

1° $(15\,a^3\,m^4\,x^2) \div (5\,a\,m\,x) = 3\,a^2\,m^3\,x$

2° $(-21\,a^2\,x^3) \div (3\,a^2\,x) = -7\,x^2$

3° $(5\,x^4\,y^3) \div (-3\,x^3\,y^2) = -\dfrac{5}{3}\,x\,y$

4° $(21\,a^3\,b\,x^2) \div (7\,a^4\,b\,x^3) = \dfrac{3}{a\,x}$

5° $(20\,a^2 x^3 y) \div (5\,a^2 x^3 y) = 4$

Segundo. Dividir un polinomio entre un monomio.
Sea la división,

$$\frac{-20x^2 y^4 z - 15x^6 y^2 z + 30x^4 y^2 z^2}{-5x^2 y^2}$$

Convirtiendo el polinomio en una suma de sumandos positivos y el monomio en un número también positivo, se podrá aplicar el teorema (79) en la forma siguiente:

$$\frac{(-20x^2 y^4 z) + (-15x^6 y^2 z) + 30x^4 y^2 z^2}{(-5x^2 y^2)}$$

$$= \frac{-20x^2 y^4 z}{-5x^2 y^2} + \frac{-15x^6 y^2 z}{-5x^2 y^2} + \frac{30x^4 y^2 z^2}{-5x^2 y^2}$$

$= (+\,4\,y^2 z) + (+\,3\,x^4 z) + (-\,6\,x^2 z^2) = 4\,y^2 z + 3\,x^4 z - 6\,x^2 z^2$

de donde se deduce que: cada uno de los TERMINOS del cociente es el resultado de dividir cada **término y su signo** del dividendo entre el **término y su signo** del divisor, y el cociente es la suma algebraica de los cocientes obtenidos.

La prueba se efectúa multiplicando el cociente por el divisor, que para el caso se tiene:

$(4\,y^2 z + 3\,x^4 z - 6\,x^2 z^2)\,(-\,5\,x^2 y^2)$

$= \; -\,20\,x^2 y^4 z - 15\,x^6 y^2 z + 30\,x^4 y^2 z^2$

Del primero y segundo casos anteriores se deduce la siguiente regla, en la que es indispensable tener presente que cada término tiene por signo, el signo que le precede.

325.- **REGLA.** Para dividir una expresión algebraica entre un monomio, se divide cada TERMINO de la expresión algebraica entre el monomio y se suman algebraicamente los cocientes obtenidos.

Ejemplos:

1° $(12\,a^5 b^2 - 3\,a^2 b + 15\,a^3 b^4) \div (-\,3\,a^2 b) = -\,4\,a^3 b + 1 - 5\,a\,b^3$

2° $$\frac{15a^4 x^5 y^3 - 7a^3 x^3 y^3 - 9a^4 x^4 y^2 z}{3a^3 x^3 y^2} = 5\,a\,x^2 y - \frac{7}{3}y - 3\,a\,x\,z$$

3° $$\frac{6a^2mx^2 - 10am^2xy^3}{3a^3m^2x^2} = \frac{2}{am} - \frac{10y^3}{3a^2x}$$

Tercero. Dividir un polinomio entre otro polinomio.

Supóngase que se conoce el divisor $x + y + z$ y el cociente $a + b + c$ de una división en la cual el dividendo será el producto $(x + y + z)(a + b + c)$.

Colocando por claridad en las explicaciones el divisor y el cociente como se indica enseguida, se tiene:

	divisor	$x + y + z$
	cociente	$a + b + c$
dividendo	primer producto parcial	$ax + ay + az$
	segundo producto parcial	$bx + by + bz$
	tercer producto parcial	$cx + cy + cz$

De esta disposición de valores se deduce:

1° El dividendo es igual a la suma de tres productos parciales.

2° El primer término "a" del cociente, se obtiene dividiendo el primer término "a x" del dividendo entre el primer término "x" del divisor.

3° El segundo término "b" del cociente, se obtiene dividiendo el primer término "b x" del segundo producto parcial, entre el primer término "x" del divisor, ya que el primer producto parcial $ax + ay + az$ ha sido eliminado al multiplicar el cociente "a" por el divisor y restar el producto, del dividendo, tal como se opera en cualquier división aritmética.

4° El tercer término "c" del cociente, se obtiene dividiendo el primer término "c x" del tercer producto parcial entre el primer término "x" del divisor, ya que el segundo producto parcial también ha sido eliminado del dividendo.

Colocando el dividendo, el divisor y el cociente como se opera en Aritmética y ejecutando la división de acuerdo con el razonamiento anterior se obtiene:

$$
\begin{array}{r|l}
 & a+b+c \\
\hline
x+y+z & ax+ay+az+bx+by+bz+cx+cy+cz \\
 & -(ax+ay+az) \\
\hline
 & \qquad bx+by+bz+cx+cy+cz \\
 & \qquad -(bx+by+bz) \\
\hline
 & \qquad\qquad cx+cy+cz \\
 & \qquad\qquad -(cx+cy+cz) \\
\hline
 & \qquad\qquad\qquad 0
\end{array}
$$

De todo lo anterior, se deduce la siguiente regla.

326.- **REGLA.** Para dividir un polinomio entre otro polinomio:

1° Se ordenan el polinomio dividendo y el polinomio divisor conforme a las potencias decrecientes de una misma literal (309).

2° Se divide el primer término del dividendo entre el primer término del divisor, para obtener el primer término del cociente.

3° Se multiplica el primer término del cociente por el divisor, y el producto se resta del dividendo.

4° Se divide el primer término de la resta, entre el primer término del divisor para obtener el segundo término del cociente.

5° Se multiplica el segundo término del cociente, por el divisor y el producto se resta de la resta anterior.

6° Se prosigue la división en forma semejante hasta que ningún término de una de las restas que se obtienen, sea divisible por el primer término del divisor. Esta última resta es la resta de la división, que en las divisiones exactas tiene por valor cero.

La prueba de la división se efectúa aplicando la igualdad fundamental de la división (58).

Para simplificar operaciones, en las multiplicaciones de cada término del cociente por el polinomio divisor se van anotando los productos con el signo cambiado, para efectuar fácilmente la resta respectiva.

Ejemplos:

Efectuar las siguientes divisiones.

1° $(4\,x^3 + 4\,x^2 - 29\,x + 21) \div (2\,x - 3)$

$$
\begin{array}{r|l}
 & 2x2+5x-7 \\
\hline
2x-3 & 4x^3+4x^2-29x+21 \\
 & -4x^3+6x^2 \\
\hline
 & 10x^2-29x+21 \\
 & -10x2+15x \\
\hline
 & -14x+21 \\
 & +14x-21 \\
\hline
 & 0
\end{array}
$$

2º $(a^5 - a^2 b^3 - a^3 + 3\,a\,b^3) / (a^2 - 1)$

Ordenando los polinomios con relación a las potencias decrecientes de "a", se tiene:

$$
\begin{array}{r|l}
 & a^3\text{-}b^3 \\
\hline
a^2-1 & a^5-a^3-a^2b^3+3ab^3 \\
 & -a^5+a^3 \\
\hline
 & -a^2b^3+3ab^3 \\
 & +a^2+b^3-b^3 \\
\hline
 & 3^3ab^3-b^3
\end{array}
$$

326-A.- La resta de la división es $3\,a\,b^3 - b^3$ y el valor de la división del dividendo entre el divisor que se ha expresado como una fracción es:

$$\frac{a^5-a^3-a^2\,b^3+3\,a\,b^3}{a^2-1}=a^3-b^3+\frac{3\,a\,b^3-b^3}{a^2-1}$$

Esta igualdad es de la misma forma que la igualdad fundamental de la división (58) cuando en esta se dividen ambos miembros por el divisor "d".

Prueba.

$$(a^2 - 1)(a^3 - b^3) + 3\,a\,b^3 - b^3 = a^5 - a^2\,b^3 - a^3 + b^3 + 3\,a\,b^3 - b^3$$
$$= a^5 - a^3 - a^2\,b^3 + 3\,a\,b^3$$

3° $\dfrac{x^3 - m^3}{x - m}$

$$
\begin{array}{r|l}
 & x^2 + mx + m^2 \\
\hline
x - m & x^3 - m^3 \\
 & -x^3 + mx^2 \\
\hline
 & mx^2 - m^3 \\
 & -mx^2 + m^2x \\
\hline
 & m^2x - m^3 \\
 & m^2x + m^3 \\
\hline
 & 0
\end{array}
$$

CAPITULO 18

EXPONENTES NEGATIVOS

Por lo visto en el número (292) quedó establecido que los números algebraicos pueden estar elevados a potencias negativas, es decir, los números algebraicos pueden estar afectados de exponentes negativos.

Los exponentes negativos son de gran utilidad, ya que con ellos se opera en la misma forma que con los exponentes positivos como se demuestra en el siguiente teorema.

327.- **TEOREMA.** Los teoremas de los exponentes positivos son aplicables a los exponentes negativos.

Ejemplos:

$$a^5 a^{-3}=a^{5+(-3)}=a^2 \qquad \frac{a^3}{a^{-2}}=a^{3-(-2)}=a^5 \qquad (b^2)^{-4}=b^{2(-4)}=b^{-8}$$

Demostración

La demostración comprende los tres casos siguientes en los que se utilizará el teorema (293).

Primer caso. Producto de dos potencias de un mismo número algebraico.

1° $\quad a^m a^{-n}=a^m \dfrac{1}{a^n}=a^{m-n}=a^{m+(-n)}$

2° $\quad a^{-m} a^{-n}=\dfrac{1}{a^m}\,\dfrac{1}{a^n}=\dfrac{1}{a^{m+n}}=a^{-(m+n)}=a^{-m+(-n)}$

En los productos anteriores se verifica, que el exponente de la potencia resultante es igual a la suma de los exponentes de las potencias de un mismo número algebraico.

Segundo caso. Cociente de dos potencias de un mismo número algebraico.

1° $$\frac{a^m}{a^{-n}}=\frac{a^m}{1/a^n}=\frac{a^m}{1}\div\frac{1}{a^n}=a^m\,a^n=a^{m+n}=a^{m-(-n)}$$

2° $$\frac{a^{-m}}{a^n}=\frac{1/a^m}{a^n}=\frac{1}{a^m}\Big/\frac{a^n}{1}=-\frac{1}{a^{m+n}}=a^{-(m+n)}=a^{-m-n}=a^{-m-(+n)}$$

3° $$\frac{a^{-m}}{a^{-n}}=\frac{1}{a^m}\Big/\frac{1}{a^n}=\frac{a^n}{a^m}=a^{n-m}=a^{-m+n}=a^{-m-(-n)}$$

En los cocientes anteriores se verifica que el cociente tiene el exponente del dividendo menos el exponente del divisor, es decir, que por la introducción de los números negativos y la ley de los signos, el valor del exponente del dividendo puede ser mayor, igual o menor que el valor del exponente del divisor.

Tercer caso. Elevación de la potencia de un número algebraico, a otra potencia.

1° $$(a^{-m})^n=\left(\frac{1}{a^m}\right)^n=\frac{1}{a^{mn}}=a^{-mn}=a^{(-m)n}$$

2° $$(a^m)^{-n}=-\frac{1}{(a^m)^n}=\frac{1}{a^{mn}}=a^{-mn}=a^{m(-n)}$$

3° $$(a^{-m})^{-n}=\left(\frac{1}{a^m}\right)^{-n}=\frac{1}{(1/a^m)^n}=\frac{1}{1/a^{mn}}=1\div\frac{1}{a^{mn}}=a^{mn}=a^{(-m)(-n)}$$

En las tres potencias anteriores se verifica el producto de los exponentes para el caso de elevar la potencia de un número algebraico a otra potencia.

Con los tres casos anteriores queda demostrado el teorema.

328.- Recuérdese la **"escritura convencional"** de la página 58.

CAPITULO 19

CONVERSION DE UN POLINOMIO EN UN PRODUCTO DE DOS O MAS FACTORES

En los números del (85) al (88) ya se estudió la forma de efectuar operaciones semejantes con una suma y con una diferencia de números aritméticos.

En álgebra se aplican los mismos principios, considerando, desde luego, que un polinomio es una suma algebraica de términos positivos y términos negativos. En álgebra elemental se estudian los siguientes:

329.- Primer caso. Convertir un polinomio en un producto de dos factores, uno de los cuales es un factor conocido, o un producto determinado de factores.

1° $bx - x + ax = x(b - 1 + a)$

2° $2a^2x^3m - a^3x + amx = ax(2ax^2m - a^2 + m)$

3° $x^{n+2}y^{m-1} + x^ny^{m+2} - x^{n+3}y^{m+1}$. El producto que es factor común, es x^ny^{m-1}.

Dividiendo pues, cada término por x^ny^{m-1} resulta:

$x^ny^{m-1}(x^2 + y^3 - x^3y^2)$

330.- Segundo caso. Convertir un polinomio en un producto de factores, por medio de los productos notables.

Según los números del (317) al (322) se tiene, identificando el polinomio dado con el respectivo producto notable.

1° $4a^6x^2 - 9y^2 = (2a^3x + 3y)(2a^3x - 3y)$

(321)

2° $a^2x^2 - abx + \frac{b^2}{4}$ Dado que: $a^2\,x^2$ es el cuadrado de $a\,x$; $\frac{b^2}{4}$ es el cuadrado de $\frac{b}{2}$; y $a\,b\,x$ es el doble producto de $a\,x\ \frac{b}{2}$, es decir, $2\ ax\frac{b}{2} = a\,b\,x$,

$$a^2\,x^2 - a\,b\,x + \frac{b^2}{4} = \left(a\,x - \frac{b}{2}\right)^2$$

(319)

3° $$m^2 + 15\,m + \frac{m}{3} + 5 = m^2 + m\left(15 + \frac{1}{3}\right) + 15\frac{1}{3} = (m+15)(m+\frac{1}{3})$$

(322)

4° $m^2 + x^2 - y^2 + 2\,m\,x = m^2 + 2\,m\,x + x^2 - y^2 = (m + x)^2 - y^2$

(317)

$= (m + x + y)\,(m + x - y)$

(321)

331.- Tercer caso. Convertir un polinomio en un producto de factores por medio de transformaciones algebraicas del polinomio.

1° $x^4 + 4\,y^4$. Sumando y restando $4\,x^2\,y^2$ para obtener el producto notable del número (317) se tiene:

$$\begin{aligned} x^4 + 4\,y^4 + 4\,x^2\,y^2 - 4\,x^2\,y^2 &= (x^2 + 2\,y^2)^2 - 4\,x^2\,y^2 \\ &= (x^2 + 2\,y^2)^2 - (2\,x\,y)^2 \\ &= (x^2 + 2\,y^2 + 2\,x\,y)\,(x^2 + 2\,y^2 - 2\,x\,y) \end{aligned}$$

(321)

2° $$\begin{aligned} 5\,a^2\,m^3 - b^3\,m^3 + 5\,a^2\,n^2 - b^3\,n^2 &= 5\,a^2\,(m^3 + n^2) - b^3\,(m^3 + n^2) \\ &= (m^3 + n^2)\,(5\,a^2 - b^3) \end{aligned}$$

3° $m^4 + m^2\,n^2 + n^4$. Sumando y restando $m^2\,n^2$ resulta:

$$\begin{aligned} m^4 + m^2\,n^2 + n^4 + m^2\,n^2 - m^2\,n^2 &= m^4 + 2\,m^2\,n^2 + n^4 - m^2\,n^2 \\ &= (m^2 + n^2)^2 - m^2\,n^2 = (m^2 + n^2)^2 - (m\,n)^2 \\ &= (m^2 + n^2 + m\,n)\,(m^2 + n^2 - m\,n) \end{aligned}$$

332.- Cuarto caso. Convertir un polinomio en un producto de dos factores por medio del **"máximo común divisor"** de sus términos.

Para el objeto se utiliza la siguiente propiedad.

333.- Las literales de un término cualquiera son, por definición, números primos.

En efecto, una literal cualquiera, como la "b", aunque se supone que representa cantidades conocidas, se desconoce su valor numérico y por lo mismo, solamente es divisible por sí misma y por la unidad (144) es pues, un número primo.

Entonces el término $3\ a^2\ b^3\ x$ es un producto de las potencias de los factores primos 3, a, b, x.

Asimismo $12\ m^2\ n^3 = 2^2 \times 3\ m^2\ n^3$ es el producto de las potencias de los factores primos 2, 3, m, n.

De esto se deduce que el teorema (156) es aplicable a un polinomio, para determinar el **m.c.d.** de sus términos.

Ejemplos:

Convertir los polinomios siguientes en un producto de dos factores por medio del **m.c.d.** de sus términos.

1° $15\ a^3\ m^3\ x^2 - 3\ a\ m^2 + 12\ a^2\ m^2\ x$ Descomponiendo los coeficientes numéricos en sus factores primos, se obtiene:

$3 \times 5\ a^3\ m^3\ x^2 - 3\ a\ m^2 + 2^2 \times 3\ a^2\ m^2\ x$

El m.c.d. de los términos es, $3\ a\ m^2$ y, por consiguiente, el polinomio se convierte en:

$3\ a\ m^2\ (5\ a^2\ m\ x^2 - 1 + 4\ a\ x)$

2° $10\ m^2\ x^2\ y\ z^3 + 15\ a\ x^3\ y^4\ z - 5\ b\ x^3\ y^2\ z^2$ El m.c.d. es $5\ x^2\ y\ z$ luego el polinomio se convierte en:

$5\ x^2\ y\ z\ (2\ m^2\ z^2 + 3\ a\ x\ y^3 - b\ x\ y\ z)$

Observación. Las conversiones se comprueban efectuando los productos obtenidos.

CAPITULO 20

FRACCIONES ALGEBRAICAS

334.- Las fracciones algebraicas, como las fracciones aritméticas, están constituidas por un numerador, un denominador, expresan la división del primero entre el segundo y ambos son los términos de la fracción algebraica.

335.- El numerador y el denominador de una fracción algebraica son expresiones algebraicas.

$$\frac{-5a^2b}{3m^3x} \quad \frac{a+b^2m}{m-2} \quad \frac{x(m-1)}{-6a} \quad \frac{-x^2y}{-b^2z} \quad \frac{-12}{4}$$ son fracciones algebraicas.

336.- El valor de una fracción algebraica es el cociente de su numerador entre su denominador (187).

En las fracciones siguientes se indica su valor, el cual se podrá comprobar por medio de las operaciones que se ejecutan con las fracciones algebraicas, que se estudiarán más adelante.

$$\frac{15a^2b}{3ab}=-5a \qquad \frac{6m^3x^2y}{mx}=-\frac{6m^2y}{x}$$

$$\frac{4a^2-9b^2}{2a-3b} \quad \frac{(2a+3b)(2a-3b)}{2a-3b}=2a+3b \qquad \frac{-21}{7}=-3$$

$$\frac{-3y^3}{-2x}=\frac{3y^3}{2x} \qquad \frac{a^2-2ab+b^2}{a-b}=\frac{(a-b)^2}{a-b}=a-b$$

$$\frac{3x^2-2x-8}{x-2}=3x+4 \quad (326)$$

337.- Los signos del cociente, del numerador y del denominador de una fracción algebraica, pueden cambiarse aplicando la regla de los signos (287).

Ejemplos:

1° $\frac{a}{b}=\frac{-a}{-b}=-\frac{-a}{b}=\frac{a}{-b}$ 2° $-\frac{a}{b}=\frac{-a}{b}=\frac{a}{-b}=-\frac{-a}{-b}$

3° $\frac{ax^2+b-2}{x^3-1}=\frac{-ax^2-b+2}{-x^3+1}=-\frac{ax^2+b-2}{-x^3+1}$

338.- Todos los teoremas de las fracciones aritméticas son aplicables a las fracciones algebraicas, siempre y cuando se observe la Regla de los Signos (287) y se interprete correctamente el valor relativo de los números algebraicos (263).

Ejemplos:

1°. Si el numerador de la fracción – 2/3 se multiplica por 5, el valor de la fracción se hace 5 veces menor y no 5 veces mayor, ya que

$-\frac{2 \times 5}{3}=-\frac{10}{3}$ y $-\frac{10}{3} \langle -\frac{2}{3}$ (263)

2°. En la multiplicación de fracciones se tiene:

$$\frac{-bx^2}{5m}\,\frac{7x}{-2k}=\left(-\frac{bx^2}{5m}\right)\left(-\frac{7x}{2k}\right)=\left[-\left(+\frac{bx^2}{5m}\right)\right]\left[-\left(+\frac{7x}{2k}\right)\right]$$ en donde

el producto tendrá signo + y el valor del producto, que es el de dos fracciones positivas, es según (201) $\frac{bx^2}{5m}\,\frac{7x}{2k}=\frac{7bx^3}{10km}$

Por otra parte multiplicando numerador por numerador, denominador por denominador y observando la regla de los signos, se obtiene también:

$\frac{-bx^2}{5m}\frac{7x}{-2k}=\frac{7bx^3}{10km}$ Luego el teorema (201) es aplicable a las fracciones algebraicas.

SIMPLIFICACION DE FRACCIONES ALGEBRAICAS

339.- Se aplican los números (188) y (189) observando la regla de los signos.

En la simplificación de fracciones algebraicas es conveniente que sus términos sean productos de varios factores.

Cuando uno o ambos términos de una fracción algebraica son polinomios, se convierten en productos de varios factores (CAPITULO 19) con objeto de obtener factores comunes a dichos términos. También se puede utilizar, si es posible, el m.c.d. de los términos del numerador y del denominador o factorizar estos últimos por medio de los productos notables.

Ejemplos:

Simplificar las fracciones algebraicas siguientes:

1° $\frac{15x^4y^2z^3}{7xy^3}=\frac{15x^3z^3}{7y}$ (324 caso primero)

o también, puesto que el m.c.d. de la fracción (333) es xy^2, resulta

$$\frac{(15x^4y^2z^3)\div(xy^2)}{(7xy^3)\div(xy^2)}=\frac{15x^3z^3}{7y}$$

2° $\frac{3a^2bx}{6a^3b^2}=\frac{1a^2bx}{2a^3b^2}=\frac{bx}{2ab^2}=\frac{x}{2ab}$

o también $\frac{3a^2bx}{6a^3b^2}=\frac{3a^2bx\div3a^2b}{6a^3b^2\div3a^2b}=\frac{x}{2ab}$

3° $\frac{ax^2y^3}{5ax^3y^5}=\frac{1}{5xy^2}$ ó $\frac{ax^2y^3\div ax^2y^3}{5ax^3y^5\div ax^2y^3}=\frac{1}{5xy^2}$

4° $\frac{2a^3x^2+6abx^2-10ax^3}{2abx^2-14ax^3}=\frac{2ax^2(a^2+3b-5x)}{2ax^2(b-7x)}=\frac{a^2+3b-5x}{b-7x}$

5° $$\frac{a^2+b^2-2ab}{a^2-b^2}=\frac{(a-b)^2}{(a+b)(a-b)}=\frac{a-b}{a+b}$$

6° $$\frac{x^2z^2+yz^2+b^2x^2+b^2y}{x^4+x^2y}=\frac{z^2(x^2+y)+b^2(x^2+y)}{x^2(x^2+y)}$$

(y dividiendo numerador y denominador por $x^2 + y$) = $\frac{z^2+b^2}{x^2}$

7° $$\frac{12m^6n^4+2m^4n^5}{18m^2ny^4+3n^2y^4}=\frac{2m^4n^4(6m^2+n)}{3ny^4(6m^2+n)}=\frac{2m^4n^4}{3ny^4}$$

CONVERSION DE UNA EXPRESION ALGEBRAICA A FRACCION ALGEBRAICA DE DENOMINADOR CONOCIDO

340.- Se aplica la regla del número (190) observando la regla de los signos.

Ejemplos:

1° Convertir $-15\,a\,m^3x^2$ a fracción de denominador $-b^2y$ – 15 a m^3x^2 =

$$\frac{-15am^3x^2}{1}=\frac{(-15am^3x^2)(-b^3y)}{-b^2y}=\frac{15ab^2m^3x^2y}{-b^2y}$$ o simplemente

$$\frac{(-15am^3x^2)(-b^2y)}{1(-b^2y)}=\frac{15ab^2m^3x^2y}{-b^2y}$$

2° Convertir $5m^2 - 7x^3 + 1$ a fracción de denominador $3x^2y$.

$$\frac{(5m^2-7x^3+1)(3x^2y)}{(3x^2y)}=\frac{15m^2x^2y-21x^5y+3x^2y}{3x^2y}$$

3°Convertir $(a + b)$ a fracción de denominador $a - b$.

$$\frac{(a+b)(a-b)}{a-b}=\frac{a^2-b^2}{a-b}$$

CONVERSION DE VARIAS FRACCIONES ALGEBRAICAS A UN MINIMO COMUN DENOMINADOR

341.- Se aplica la regla (191) observando la regla de los signos.

Ejemplo:

Convertir a un mínimo común denominador las siguientes fracciones:

$$\frac{12a^2b}{3a^3m^2} \qquad \frac{2mx}{6ax^2} \qquad \frac{5b^2x^3}{3a^2x^3m}$$

fracciones simplificadas $\frac{4b}{am^2}$ $\qquad \frac{m}{3ax}$ $\qquad \frac{5b^2}{3a^2m}$

m.c.m. de los denominadores (163 y 333) = $3a^2m^2x$

factores de conversión $\frac{3a^2m^2x}{am^2}=3ax$ $\qquad \frac{3a^2m^2x}{3ax}=am^2$ $\qquad \frac{3a^2m^2x}{3a^2m}=mx$

Numeradores $(4b)(3ax) = 12abx$ $\qquad m(am^2) = am^3$ $\qquad (5b^2)mx = 5b^2mx$

Fracciones resultantes $\frac{12abx}{3a^2m^2x}$ $\qquad \frac{am^3}{3a^2m^2x}$ $\qquad \frac{5b^2mx}{3a^2m^2x}$

Las fracciones resultantes se comprueban como se indica en la misma regla.

Observación.

El procedimiento que se sigue para fracciones de términos sencillos o cuando los denominadores son números primos entre sí, es la aplicación de la siguiente regla de Aritmética Elemental de la Enseñanza Primaria.

342.- **REGLA.** Para convertir varias fracciones a UN COMUN DENOMINADOR, se multiplica el numerador y el denominador de cada fracción por el producto de los denominadores de las otras fracciones.

Ejemplo:
Convertir a UN COMUN DENOMINADOR las fracciones siguientes:

$\frac{a}{b}, \frac{m}{2}, \frac{c}{k}.$ Se tiene:

$$\frac{2ak}{2bk}, \frac{bmk}{2bk}, \frac{2bc}{2bk}$$

343.- EXPRESION ALGEBRAICA MIXTA es la suma algebraica de uno o más términos que no contienen denominador, más una fracción.

$am^2 - 2x + \frac{x^2+1}{ab^2}$ $\frac{a^2}{b} - d$ $b + ax^2 - \frac{2}{5}$ son expresiones algebraicas mixtas.

De una fracción algebraica cuyo numerador no es divisible por su denominador, pero que el primero se puede dividir entre el segundo se obtiene una expresión algebraica mixta (Véase el número 326-A)

OPERACIONES CON LAS FRACCIONES ALGEBRAICAS

344.- Las operaciones con las fracciones algebraicas se ejecutan aplicando los teoremas, las consecuencias y las reglas de los números del (194) al (210) observando la regla de los signos (287).

345.- La prueba de una operación se efectúa según el número (27). También se puede efectuar substituyendo las literales por valores numéricos sencillos tanto en la expresión original como en la expresión resultante y calculando los correspondientes valores numéricos (296).

Dichos valores numéricos deben ser iguales, si las operaciones algebraicas han sido correctamente ejecutadas. Los valores numéricos pueden ser 2, 3, 4, … etc. El valor 1, no se utiliza por conducir en ciertos casos a comprobaciones falsas. Así por ejemplo en la operación $\frac{x^3}{m}+x=\frac{x^3+mx^2}{m}$ que es una operación equivocada y para su comprobación se hace $x=1$ y $m=2$ se tiene:

Para la expresión original $\frac{1^3}{2}+1=\frac{3}{2}$

Para la expresión resultante $\frac{1^3+2\times1^2}{2}=\frac{3}{2}$

Sin embargo, si $x=2$ y $m=3$, resulta:

Para la expresión original $\frac{2^3}{3}+2=\frac{8+6}{3}=\frac{14}{3}$

Para la expresión resultante $\frac{2^3+3\times2^2}{3}=\frac{8+12}{3}=\frac{20}{3}$ valores numéricos que indican que las operaciones algebraicas son incorrectas.

Operando correctamente se tiene:

$\frac{x^3}{m}+=\frac{x^3+mx}{m}$ y haciendo $x=2$ y $m=3$ se tiene:

Para la expresión original $\frac{2^3}{3}+2=\frac{8+6}{3}=\frac{14}{3}$

Para la expresión resultante $\frac{2^3+3\times2}{3}=\frac{8+6}{3}=\frac{14}{3}$

SUMA Y RESTA DE FRACCIONES ALGEBRAICAS

346.- En los ejemplos siguientes se pueden apreciar los diferentes procedimientos que se siguen para obtener el resultado final, aunque en todos los casos es indispensable convertir las fracciones a un mínimo común denominador.

1° $\frac{a}{b}+\frac{2}{m}=\frac{am+2b}{bm}$

Prueba: si $a=2$ $b=3$ y $m=4$

$\frac{2}{3}+\frac{2}{4}=\frac{8+6}{12}=\frac{7}{6}$ y $\frac{2\times4+2\times3}{3\times4}=\frac{14}{12}=\frac{7}{6}$

2° $\frac{m}{cd}+\frac{b}{df}+\frac{a}{cf}=\frac{fm+bc+ad}{cdf}$

3° $\frac{x}{5}+\frac{2x}{3}-\frac{7x}{15}=\frac{3x+10\times-7x}{15}=\frac{6x}{15}=\frac{2x}{5}$

4° $\frac{1}{m}+\frac{4}{m^2}-\frac{4}{m^3}=\frac{m^2+4m+4}{m^3}=\frac{(m+2)^2}{m^3}$

5° $\frac{x+y}{x-y}-\frac{2xy}{x^2-y^2}=\frac{(x+y)^2-2xy}{x^2-y^2}=\frac{x^2+2xy+y^2-2xy}{x^2-y^2}=\frac{x^2+y^2}{x^2-y^2}$

6° $\frac{2x+y}{3y}-\frac{4x^2y-3}{6xy^2}=\frac{4x^2y+2xy^2-4x^2y+3}{6xy^2}=\frac{2xy^2+3}{6xy^2}$

7° $ax^2+\frac{ay}{mx}=\frac{amx^3+ay}{mx}=\frac{a(mx^3+y)}{mx}$

8° $\frac{x+1}{6x+3}-\frac{1}{12x+6}$ Como12x + 6 = 2 (6x+3), se obtiene:

$$\frac{x+1}{6x+3}-\frac{1}{12x+6}=\frac{2x+2-1}{12x+6}=\frac{2x+1}{6(2x+1)}=\frac{1}{6}$$

9° $\frac{2}{3}-\frac{5}{2}+\frac{3}{4}-10=\frac{8-30+9-120}{12}=-\frac{133}{12}$

MULTIPLICACION DE FRACCIONES ALGEBRAICAS

347.- Ejemplos:

1° $\frac{a}{b}\,\frac{m}{c}=\frac{am}{bc}$

(201)

2° $\frac{2ax^2y^3}{3b^3m^2}\left[-\frac{5a^2bm^2}{4bx^2y}\right]=\frac{-10a^3bm^2x^2y^3}{12b^4m^2x^2y}=-\frac{5a^3y^2}{6b^3}$

3° $\frac{3a-9}{3a+9}\;\frac{a^2+9a+18}{a-3}=\frac{3(a-3)(a^2+9a+18)}{3(a+3)(a-3)}=\frac{a^2+9a+18}{a+3}$

$$=\frac{(a+3)(a+6)}{a+3}=a+6$$

(322)

4° $$\frac{x^2-5x}{5+x}\;\frac{x^2-25}{x}=\frac{x(x-5)(x+5)(x-5)}{x(x+5)}=(x-5)^2$$

5° $$\frac{y}{x}\left(x-\frac{x^2}{y}\right)=\frac{y}{x}\left(\frac{xy-x^2}{y}\right)=\frac{xy^2-x^2y}{xy}=\frac{xy(y-x)}{xy}=y-x$$

6° $$\frac{a^2}{b^2}\;\frac{m}{a}\left(-\frac{b^3}{m^2}\right)=-\frac{a^3b^3m}{ab^2m^2}=-\frac{a^2b}{m}$$

DIVISION DE FRACCIONES ALGEBRAICAS

348.- Ejemplos:

1° $$\frac{x}{y}\div\frac{m}{n}=\frac{x}{y}\;\frac{n}{m}=\frac{nx}{my}$$

2° $$\frac{a^2}{m^3}\div\left(-\frac{a}{m}\right)=\frac{a^2}{m^3}\left(-\frac{m}{a}\right)=-\frac{a^2m}{am^3}=-\frac{a}{m^2}$$

3° $$\frac{x^2\text{-}y^2}{2a+2b}\div\frac{x^2+y^2\text{-}2xy}{6a+6b}=\frac{(x+y)(x-y)}{2(a+b)}\div\frac{(x-y)^2}{6(a+b)}$$

$$=\frac{(x+y)\,(x-y)\,6\,(a+b)}{2\,(a+b)\,(x-y)^2}=\frac{3\,(x+y)}{x-y}$$

4° $$\left(\frac{5a}{2a-6}+a-3\right)\div\left(\frac{15}{a-3}+2a-1\right)=$$

$$=\frac{5a+2a^2-6a-6a+18}{2a\text{-}6}\div\frac{18+2a^2-7a}{a-3}$$

$$=\frac{-7a+2a^2+18}{2(a-3)}\div\frac{18+2a^2-7a}{a-3}$$

$$=\frac{2a^2-7a+18}{2(a-3)}\ \frac{a-3}{2a^2-7a+18}=\frac{1}{2}$$

5° $$\left(2-\frac{3}{2}+\frac{5}{7}\right)\div\left(\frac{4}{7}+\frac{5}{2}-1\right)=\left(\frac{28-21+10}{14}\right)\div\left(\frac{8+35-14}{14}\right)=\frac{17}{14}\ \frac{14}{29}=\frac{17}{29}$$

6° $$\left(\frac{a}{6}-\frac{6}{a}\right)\div\left(\frac{6a-36}{18a^2}\right)=\frac{a^2-36}{6a}\div\frac{6(a-6)}{18a^2}$$

$$=\frac{(a+6)(a-6)}{6a}\ \frac{18a^2}{6(a-6)}=\frac{a(a+6)}{2}$$

POTENCIAS DE LAS FRACCIONES ALGEBRAICAS

349.- Ejemplos:

1° $$\left(\frac{a}{b}\right)^3=\frac{a^3}{b^3}$$

2° $$\left(-\frac{m}{2x}\right)^3=-\frac{m^3}{8x^3}$$

3° $$\left(\frac{x^2y^2}{2m}\right)^2=\frac{x^4y^4}{4m^2}$$

4° $$\left(\frac{a^{-2}bx}{2m^{-2}}\right)^2=\frac{a^{-4}b^2x^2}{4m^{-4}}=\frac{b^2x^2}{a^4}\div\frac{4}{m^4}=\frac{b^2m^4x^2}{4a^4}$$

5° $$\left[\left(\frac{a^2b}{3m}\right)^2\right]^3=\frac{a^{12}b^6}{3^6m^6}$$

CAPITULO 21

ECUACIONES DE PRIMER GRADO

350.- Ecuación es una igualdad que tiene incógnitas. (CAPITULO 5 y Nº 8)

$$a\,x^2+12=b \qquad \frac{x}{2}+y-a\,b=0 \qquad a\,x^3+b\,x\,y=17-z^2$$

son ecuaciones.

NUMERO DE INCOGNITAS DE UNA ECUACION

351.- El número de incógnitas que tiene una ecuación es igual al número de literales diferentes que se utilicen para representar a las cantidades desconocidas.

La ecuación $a\,x^2 + b - 2\,x = m$ tiene una incógnita que está representada por la letra "x".

La ecuación $a\,x + y = z^3 - 2\,n + x$ tiene tres incógnitas que son: "x", "y" y "z".

PROPIEDADES DE LAS ECUACIONES

352.- Las propiedades y los principios de las igualdades, así como las transformaciones que se les pueden hacer, son también aplicables a las ecuaciones.

Por la introducción de los números negativos, es necesario agregar a las ecuaciones las siguientes propiedades:

353.- Para cambiar de signo a todos los términos de una ecuación, se multiplican ambos miembros por (– 1).

Así, a la ecuación $-ax^2 + by = -c$ se le pueden cambiar los signos de sus términos, en la forma:

$(-ax^2 + by)(-1) = (-c)(-1) \quad \therefore \quad ax^2 - by = c$

Análogamente, de $-axy + mx = 0$ se obtiene $axy - mx = 0$

354.- Para eliminar los denominadores de una ecuación, se multiplican ambos miembros por el mínimo común múltiplo de los denominadores (163 y 333).

Ejemplos:

1° $\frac{ax^3}{m} - \frac{y^2}{b} + c = \frac{2x}{c} + \frac{c}{m^2}$ Como el m.c.m. de los denominadores es bcm^2, se obtiene:

$$\frac{ax^3}{m}bcm^2 - \frac{y^2}{b}bcm^2 + cbcm^2 = \frac{2x}{c}bcm^2 + \frac{c}{m^2}bcm^2$$

y simplificando, resulta,

$abcmx^3 - cm^2y^2 + bc^2m^2 = 2bm^2x + bc^2$

2° $\frac{x^2}{b} - \frac{x}{2} + y = 0$ operando directamente con el m.c.m. "2 b", resulta

$2x^2 - bx + 2by = 0$

355.- En el estudio de las ecuaciones es muy frecuente, y en muchos casos ventajoso, transformar las ecuaciones de modo que: 1° su segundo miembro sea igual a cero; 2° todos los términos sean positivos.

Ejemplos:

1° De $ax^2 = b^2 - by$ se obtiene $ax^2 - b^2 + by = 0$

2° De $2x^3 - 4y + 6 = 3x^2 - ay^2$ se obtiene

$2x^3 + (-4)y + 6 = 3x^2 + (-a)y^2$ o también

(301)

$2x^3 + (-4y) + 6 = 3x^2 + (-ay^2)$

(301)

GRADO DE UNA ECUACION

356.- El grado de una ecuación se determina en la forma siguiente:

1° Se eliminan paréntesis y denominadores.
2° Se efectúan todas las reducciones posibles.
3° En cada término, se determina la suma de los exponentes de las incógnitas.
4° La mayor suma así determinada, es el grado de la ecuación.
Ejemplos:

1° La ecuación $y=\frac{a}{x}+b$ en la que eliminando denominadores se convierte en; $x\,y = a + b\,x$, que es una ecuación de segundo grado.

2° La ecuación $\frac{y}{x}-\frac{b}{x}=m$ de la que se obtiene, quitando denominadores, $y - b = m\,x$ que es una ecuación de primer grado.

INTERPRETACION MATEMATICA DE UN PROBLEMA

357.- En general, las ecuaciones resultan de la interpretación matemática de las relaciones que hay entre las cantidades conocidas y las cantidades desconocidas de un problema determinado.

La naturaleza del problema puede dar origen a una o a varias ecuaciones de primer grado, de segundo, de tercero, etc., con una o varias incógnitas.

Transformando la ecuación o las ecuaciones de un problema, se pueden determinar los valores de las incógnitas con lo cual queda resuelto el problema en cuestión.

Determinar los valores de las incógnitas de una o de varias ecuaciones, es resolver las ecuaciones.

En este Capítulo se estudiarán los procedimientos para resolver solamente las ECUACIONES DE PRIMER GRADO CON UNA INCOGNITA.

RESOLUCION DE ECUACIONES DE PRIMER GRADO CON UNA INCOGNITA

358.- Resolver una ecuación de primer grado con una incógnita es determinar el valor de su incógnita, para lo cual es necesario despejar dicha incógnita (125).

No hay un procedimiento fijo a seguir, puesto que las transformaciones que se hacen a una ecuación para despejar su incógnita no tienen necesariamente una secuencia rigurosa.

Sin embargo, en forma general puede observarse el siguiente procedimiento que en numerosos casos es el más conveniente.

1° Se eliminan paréntesis y denominadores.
2° Se pasan al primer miembro todos los términos que contengan a la incógnita, y al segundo los que no la contengan.
3° Se hacen todas las reducciones posibles.
4° Se saca a la incógnita como factor común.
5° Se pasa al segundo miembro, el factor de la incógnita.

359.- Como en cualquier problema matemático, el valor que se deduzca para la incógnita debe comprobarse. Para ello, se substituye el valor de la incógnita en la ecuación ORIGINAL (ecuación dada) y se efectúan las operaciones indicadas. Si el valor es el correcto, la ecuación se convierte en una igualdad cuyos miembros son idénticos. Se dice entonces que el valor de la incógnita:

Es la raíz de la ecuación
Satisface la ecuación, o que
Verifica la ecuación.

Ejemplos:

I.- Resolver la ecuación $2x + 3 = 15$

1° No tiene paréntesis ni denominadores

2° $2x = 15 - 3$

3° $2x = 12$

4° La incógnita ya tiene por factor a 2.

5° $x = \frac{12}{2} \quad \therefore \quad x = 6$

Comprobación, $2 \times 6 + 3 = 15$ $15 = 15$

II.- Resolver la ecuación (1)

1° $x + 2 = 24$ (transformación equivocada) (2)

2° $x = 24 - 2 \quad \therefore \quad x = 22$

Si se comprueba el valor 22 en la ecuación (2), que no es la original, resulta,

$22 + 2 = 24 \quad \therefore \quad 24 = 24$

Lo que indica que el valor 22 es correcto para la ecuación (2), pero no lo es para la ecuación (1) que se trata de resolver. A esto se debe el que la comprobación necesariamente tenga que hacerse en la ecuación ORIGINAL.

Operando correctamente se tiene:

De $\frac{x}{3}+2=8$

1° $x + 6 = 24$

2° $x = 24 - 6 \quad \therefore \quad x = 18$

Comprobación, $\frac{18}{3} + 2 = 8 \quad \therefore \quad 8=8$

III.- Resolver la ecuación $3x + 7 = 2(8 + x)$

1° $3x + 7 = 16 + 2x$

2° $3x - 2x = 16 - 7$

3° $x = 9$

Comprobación, $3 \times 9 + 7 = 2(8 + 9) \quad \therefore \quad 34 = 34$

IV.-Resolver la ecuación $\frac{3(5x-7)}{8}=7+\frac{x}{2}$

1° $15x - 21 = 56 + 4x$

2° $15x - 4x = 56 + 21$

3° $11x = 77$

5° $x=\frac{77}{11} \quad \therefore \quad x=7$

Comprobación, $\frac{3(5 \times 7-7)}{8}=7+\frac{7}{2} \quad \therefore \quad \frac{21}{2}=\frac{21}{2}$

V.- Resolver la ecuación $ax + c = bx$

2° $ax - bx = -c$

4° $x(a - b) = -c$

5° $x = -\dfrac{c}{a-b}$

Comprobación, $a\left(-\dfrac{c}{a-b}\right)+c=b\left(-\dfrac{c}{a-b}\right)$

$-\dfrac{ac}{a-b}+c=-\dfrac{bc}{a-b}$ ó $\dfrac{ac}{a-b}-c=\dfrac{bc}{a-b}$

$ac - c(a-b) = bc \quad \therefore \quad bc = bc$

VI.- Un almacén ha vendido de su existencia de radios: la tercera parte, la primera semana; la cuarta parte, la segunda; la sexta parte, la tercera, quedando por vender 15 radios. ¿Cuál era el número de radios que tenía en existencia?

Designando la existencia de radios por x e interpretando matemáticamente el problema, se obtiene la ecuación,

$\dfrac{x}{3}+\dfrac{x}{4}+\dfrac{x}{6}+15=x$

1° Supresión de denominadores con un m.c.m. (3, 4, 6) = 12

$4x + 3x + 2x + 180 = 12x$

2° $4x + 3x + 2x - 12x = -180$

3° $-3x = -180$ ó multiplicando ambos miembros por (– 1)

$3x = 180$

5° $x=\dfrac{180}{3} \quad \therefore \quad x=160$

Comprobación, $\dfrac{60}{3}+\dfrac{60}{4}+\dfrac{60}{6}+15=60 \quad \therefore \quad 60=60$

VII.- Resolver la ecuación 1/x – 2/5 = 3/8 que se presta para operar como sigue:

Trasposición de términos $\dfrac{1}{x}=\dfrac{3}{8}+\dfrac{2}{5} \quad \therefore \quad \dfrac{1}{x}=\dfrac{31}{40}$

Trasposición de factores y divisores, ya que se trata de obtener el valor de x y no el de 1/x

$$x=\frac{40}{31}$$

Como vía de ejercicio, en este caso la comprobación se hará resolviendo la ecuación por un procedimiento diferente. Se tiene entonces,

Supresión de denominadores con el m.c.m. (x, 5, 8) = 40 x

$$40-16x=15x \qquad -31x=-40 \qquad ó \qquad 31x=40 \qquad \therefore \qquad x=\frac{40}{31}$$

VIII.- Resolver la ecuación $\frac{2x-15}{3}=x-4$

Procedamos como sigue:

Descomposición de la fracción,

$$\frac{2x}{3}-\frac{15}{3}=x-4 \qquad ó \qquad \frac{2x}{3}-5=x-4$$

Por trasposición de términos,

$$\frac{2x}{3}-x=-4+5 \qquad ó \qquad 2x-3x=3 \qquad \therefore \qquad x=-3$$

Para la comprobación, sigamos otro procedimiento. Se tiene, entonces,

Supresión de denominadores,

$2x-15=3x-12$ ó $-x=3$

Multiplicando por -1 puesto que se trata de obtener el valor de x y no el de $-x$,

$x=-3$

Como puede observarse, la secuencia de transformaciones obedece simplemente a la elección del procedimiento más sencillo; pero cualesquiera que sean dichas transformaciones, siempre se llega al mismo resultado.

Por ejemplo, la misma ecuación puede resolverse también como sigue:

Trasposición de todos los términos al primer miembro,

$$\frac{2x-15}{3}-x+4=0$$

Por supresión de denominadores,

$2x - 15 - 3x + 12 = 0$ ó $-x - 3 = 0$ $\therefore$ $x = -3$

Es evidente que el procedimiento elegido como el más sencillo, dependerá de la habilidad y experiencia del calculista.

SIMPLIFICACIONES ESPECIALES

360.- En la transformación de ecuaciones, frecuentemente se presentan condiciones apropiadas para ejecutar simplificaciones sencillas que se fundamentan en la trasposición de términos, factores y divisores.

Se ejecutan como sigue:

Un término del primer miembro se anula con otro término igual del segundo miembro. Basta pues, tachar los términos que se anulan y proseguir las transformaciones a que se refiere el número (358) ó a las que se advierta que son las más sencillas.

Un factor de todo el primer miembro se anula con un factor igual de todo el segundo miembro.

Un divisor de todo el primer miembro se anula con un divisor igual de todo el segundo miembro.

ECUACION GENERAL DE PRIMER GRADO CON UNA INCOGNITA

361.- Si a cualquier ecuación de primer grado con una incógnita, que por definición, solamente puede contener, términos que contengan a la incógnita y términos que no la contengan:

Se suprimen paréntesis y denominadores y se ejecutan las reducciones posibles,

Se pasan todos los términos al primer miembro,

Se saca como factor común a la incógnita, y

Se agrupan los términos restantes en un solo número y la ecuación toma la forma,

$$A x + B = 0 \qquad (1)$$

De esto se infiere que la ecuación (1) es la ecuación representativa de todas las ecuaciones de primer grado con una incógnita, es decir, es la FORMA GENERAL con la que puede representarse toda ecuación de primer grado con una incógnita.

Por ello, se llama ECUACION GENERAL DE PRIMER GRADO CON UNA INCOGNITA.

Al término $A\,x$ se le llama **término en x:** y al término B, **término independiente.**

DISCUSION DE LA ECUACION GENERAL DE PRIMER GRADO CON UNA INCOGNITA

362.- La simplicidad de los términos de la ecuación (1) y el hecho de que sea una ecuación general, permite deducir si la incógnita resulta positiva, negativa, de valor cero, etc., para determinados signos y valores de A y B.

Determinar los valores de x para diferentes signos y valores de A y B, es DISCUTIR LA ECUACION GENERAL $A\,x + B = 0$

Por ejemplo, se deduce que si A y B son de valores diferentes de cero y de signos opuestos, el valor de la incógnita es un número positivo, puesto que de

$$A\,x - B = 0 \quad \text{se obtiene} \quad x = \frac{B}{A} \quad \text{y de,} \quad -A\,x + B = 0 \quad \text{también} \quad x = \frac{B}{A}$$

Es claro que las conclusiones de la discusión son aplicables a todas las ecuaciones de primer grado con una incógnita.

CAPITULO 22

ECUACIONES DE PRIMER GRADO CON DOS INCOGNITAS

ECUACION COMPLETA DE PRIMER GRADO CON DOS INCOGNITAS

363.- Suponiendo que las dos incógnitas de una ecuación sean “x” y “y”, se tiene la siguiente definición.

Una ECUACION COMPLETA DE PRIMER GRADO CON DOS INCOGNITAS, es la que contiene un término en “x”, un término en “y” y un término que no contenga a ninguna de las incógnitas, es decir, un **término independiente.**

$$mx=2y-4 \qquad \frac{x}{m}-2=by \qquad ax+by+c=0 \qquad x-y=6$$

son ecuaciones completas de primer grado con dos incógnitas.

RESOLUCION DE UNA ECUACION DE PRIMER GRADO CON DOS INCOGNITAS

364.- Resolver una ecuación de primer grado con dos incógnitas, es determinar valores de las incógnitas que verifiquen la ecuación.

Despejando una de las incógnitas como se ha visto en las ecuaciones de primer grado con una incógnita, queda en el segundo miembro la otra incógnita, y por lo mismo, el valor de la incógnita despejada no se puede determinar. En consecuencia, la ecuación es indeterminada por contener dos incógnitas.

Así, en la ecuación $2x+3y=6$, resulta $x=\frac{6-3y}{2}$

en donde el valor de "x" no se puede determinar por desconocer el valor de "y".

Sin embargo, la indeterminación desaparece, cuando en alguna forma se logra convertir estas ecuaciones en ecuaciones de primer grado con una incógnita.

La forma más sencilla consiste en suponer un valor determinado a una de las incógnitas.

Aunque a simple vista el procedimiento parece inaceptable, veamos por medio de un ejemplo que es correcta su utilización.

Sea el problema siguiente:

Determinar dos números tales, que la suma de la mitad del primero, más el triple del segundo, sea 24.

Representando al primer número por "x" y al segundo por "y" las condiciones del problema se interpretan matemáticamente por medio de la expresión:

$$\frac{x}{2}+3y=24$$

Despejando a "x" para facilitar nuestro razonamiento, resulta:

$x = 48 - 6y$

En esta ecuación se ve con toda claridad que cualquier valor numérico que se de a "y", permite deducir un valor determinado para "x".

Por ejemplo:

para $y = 2$, $x = 36$

para $y = 5$, $x = 18$

para $y = 1$, $x = 42$ etc.

Ahora bien, por la forma en que se ha procedido, es evidente que substituyendo a las incógnitas por uno de los valores que se dieron a "y" y el correspondiente de "x", la ecuación se convierte, en todos los casos, en una identidad. Por lo tanto, cada VALOR QUE SE DA a "y" y el correspondiente VALOR QUE SE DEDUCE para "x" constituyen una solución de la ecuación.

Además, como el procedimiento de solución es aplicable para cualquier valor numérico que se dé a "y", se deduce que, **las**

ecuaciones de primer grado con dos incógnitas tienen infinidad de soluciones.

Es claro que cuando se opta por despejar a la incógnita "y" cada solución consta: de UN VALOR QUE SE DA a "x" y el correspondiente VALOR QUE SE DEDUCE de "y".

INCOGNITAS VARIABLES

365.- Como se ha visto antes, los valores de las incógnitas en una ecuación de primer grado con dos incógnitas NO SON UNICOS, como acontece en las ecuaciones de primer grado con una incógnita, sino que son diferentes para cada solución, es decir, son VARIABLES.

Por ello se les llama INCOGNITAS VARIABLES o simplemente VARIABLES.

VARIABLE INDEPENDIENTE

366.- La variable a la que se dan valores, se llama VARIABLE INDEPENDIENTE.

Efectivamente, los valores que se le dan, no obedecen a ninguna condición matemática, sino que se eligen de acuerdo con el objeto que se persiga con la resolución de la ecuación.

VARIABLE DEPENDIENTE

367.- La variable cuyo valor se deduce después de convertir a la ecuación en una ecuación de primer grado con una incógnita, se llama VARIABLE DEPENDIENTE.

En efecto, su valor depende del valor que se le dé a la variable independiente y de las relaciones matemáticas que establece la ecuación entre ambas variables.

ECUACION GENERAL DE PRIMER GRADO CON DOS INCOGNITAS

368.- Como una ecuación de esta clase debe contener:

Un término en "x"
Un término en "y", y
Un término que no contenga a ninguna de las incógnitas, la ECUACION GENERAL, es decir, la ecuación representativa de todas las ecuaciones de primer grado con dos incógnitas, es de la forma,

$$A\,x + B\,y + C = 0$$

CAPITULO 23

ECUACIONES SIMULTANEAS

ECUACIONES EQUIVALENTES

369.- Como ya se ha visto, cuando se transforma una ecuación, se obtienen otras ecuaciones que evidentemente tienen las mismas raíces que las de la ecuación que se transforma. Por ello es que, a una ecuación y a todas las que se deduzcan de ella, se llaman ECUACIONES EQUIVALENTES.

ECUACIONES SIMULTANEAS

370.- Se llaman ECUACIONES SIMULTANEAS a dos o más ecuaciones que no siendo equivalentes, tienen soluciones comunes.

Así, las ecuaciones

$2x - y = 11$

$x + 3y = 11$

que no son equivalentes por no ser posible obtener una de la otra, tienen la solución común $x = 2$ y $y = 3$ y por lo tanto son ECUACIONES SIMULTANEAS.

Dos ecuaciones cualesquiera pueden, o no, ser simultáneas, puesto que pueden o no, tener soluciones comunes.

Las ECUACIONES SIMULTANEAS constituyen los llamados SISTEMAS DE ECUACIONES. Claro está que en general, un SISTEMA DE ECUACIONES resulta de la interpretación matemática de un problema determinado.

Por ejemplo, del siguiente problema,

La suma de dos números es 105; y su relación es 2/5. ¿Cuáles son estos números?

Se obtiene representando los números por "x" y "y":

$$x + y = 105$$

$$\frac{x}{y} = \frac{2}{5}$$

que es un sistema de dos ecuaciones de primer grado con dos incógnitas.

RESOLUCION DE UN SISTEMA DE DOS ECUACIONES DE PRIMER GRADO CON DOS INCOGNITAS

371.- Cada una de las ecuaciones del sistema, necesariamente debe ser una ecuación de primer grado con dos incógnitas puesto que la solución común, es decir, los valores encontrados para las incógnitas deben verificar a ambas ecuaciones.

Las ecuaciones del sistema, consideradas separadamente tienen pues infinidad de soluciones, de las cuales hay que determinar una común que es la solución del sistema.

372.- Para determinar la solución común, se procede como sigue:

1° Se opera con las dos ecuaciones de modo que se ELIMINE A UNA DE LAS INCOGNITAS y de esta manera obtener una ecuación con una sola incógnita.

2° Se resuelve por los métodos usuales, la ecuación así obtenida.

3° Se substituye en la ecuación más sencilla, que contenga a ambas incógnitas el valor de la incógnita deducido y se determina el valor de la segunda incógnita.

4° Se comprueba la solución encontrada en las ecuaciones originales del sistema.

373.- Hay TRES procedimientos, que de acuerdo con el método que se sigue para ELIMINAR A UNA DE LAS INCOGNITAS, se les llama:

POR SUBSTITUCION
POR IGUALACION
POR SUMA O RESTA

Sea el sistema siguiente, que por claridad en las explicaciones, se resolverá por los tres procedimientos.

$2x + 3y = 13$ (1)
$4x - y \;\; = 5$ (2)

374.- POR SUBSTITUCION

1° Se despeja "y" en la (2) (Es lo más sencillo)
$y = 4x - 5$ (3)
Se substituye (De aquí el nombre de SUBSTITUCION) la (3) en la (1), resultando,
$2x + 3(4x - 5) = 13$ (4)
2° Se resuelve la (4) por los métodos usuales, obteniéndose,
$x = 2$
3° Se substituye el valor 2 en la (3) por ser la ecuación más sencilla de resolver, quedando,
$y = 4 \text{ x } 2 - 5 = 3$
4° Se substituyen los valores de "x" y "y" en las ecuaciones originales (1) (2), resultando,
$2 \text{ x } 2 + 3 \text{ x } 3 = 13$ y $4 \text{ x } 2 - 3 = 5$
lo que comprueba que la solución es correcta.

375.- POR IGUALACION

1° Se despeja a "y" en la (1) y en la (2) (Parece ser lo ms sencillo) obteniéndose respectivamente,

$$y = \frac{13 - 2x}{3} \qquad (5)$$

$$y = 4x - 5 \qquad (6)$$

Se forma una igualdad (De aquí el nombre de IGUALACION) con los segundos miembros de las ecuaciones (5) y (6) ya que sus respectivos primeros miembros son idénticos, resultando,

$$\frac{13 - 2x}{3} = 4x - 5 \qquad (7)$$

2° Se resuelve la (7) por los métodos usuales, obteniéndose,
$13 - 2x = 12x - 15 \quad \therefore \quad x = 2$
3° Se substituye el valor 2 en la (6), resultando,

$y = 4 \times 2 - 5 = 3$

4º Se comprueban los valores encontrados como en el caso anterior.

376.- **POR SUMA O RESTA**

1º Se multiplican ambos miembros de la (2) por 3, para que en ambas ecuaciones se obtengan términos en "y", opuestos, resultando el sistema,

$2x + 3y = 13 \quad (8)$

$12x - 3y = 15 \quad (9)$

Se suman (De aquí el nombre de SUMA) miembro a miembro la (8) y la (9)

$2x + 3y + 12x - 3y = 13 + 15 \quad (10)$

2º Se resuelve la (10) por los métodos usuales, obteniéndose,

$x = 2$

3º Se substituye el valor 2, por ejemplo en la (8) resultando,

$2 \times 2 + 3y = 13 \quad \therefore \quad y = 3$

4º Se comprueban los valores encontrados como en el primer caso.

En este caso también podría haberse procedido en la forma siguiente:

1º Se multiplican ambos miembros de la (1) por 2, para que en ambas ecuaciones se obtengan dos términos en "x", iguales, resultando el nuevo sistema,

$4x + 6y = 26 \quad (11)$

$4x - y = 5 \quad (12)$

Se restan (De aquí el nombre de suma o RESTA) miembro a miembro la (12) de la (11), obteniéndose,

$4x + 6y - 4x + y = 26 - 5 \quad \therefore \quad y = 3$

prosiguiéndose con los puntos tercero, y cuarto, en forma semejante a lo hecho anteriormente.

377.- Como puede comprobarse, lo esencial en este último procedimiento, es obtener en ambas ecuaciones, y para la incógnita que se elijan DOS TERMINOS OPUESTOS o DOS TERMINOS IGUALES. A este respecto es importante aclarar que cuando los coeficientes de la incógnita elegida son números primos entre sí, es necesario multiplicar ambos miembros de la primera ecuación por el coeficiente de la incógnita de la segunda, y ambos miembros de la segunda, por el coeficiente de la incógnita de la primera.

Por ejemplo, si se desea eliminar a la incógnita "y" en el sistema,

$$3x - 2y = 12$$
$$x + 5y = 38$$

la primera ecuación se multiplicará por 5, y la segunda por 2, resultando el nuevo sistema,

$$15x - 10y = 60$$
$$2x + 10y = 76$$

del cual se puede eliminar a "y" sumando miembro a miembro las ecuaciones.

También pueden multiplicarse ambos miembros de la segunda ecuación por –3 para eliminar la incógnita "x" sumando miembro a miembro la primera ecuación con la segunda ecuación transformada.

Con los coeficientes literales de las incógnitas se aplicarán los números (163) y (133)

Observaciones.

378.- Debe procurarse que: las substituciones, las incógnitas que se elija despejar, así como el procedimiento que se utilice, conduzcan a operaciones fáciles de ejecutar.

En los sistemas con denominadores y paréntesis, conviene transformarlos previamente a sistemas más simples, para después proceder a su resolución.

SISTEMA GENERA DE DOS ECUACIONES DE PRIMER GRADO CON DOS INCOGNITAS

379.- De lo visto en los artículos (361) y (368) anteriores, se deduce que un SISTEMA GENERAL DE DOS ECUACIONES DE PRIMER GRADO CON DOS INCOGNITAS, tiene la forma,

$$Ax + By + C = 0$$
$$A_1x + B_1y + C_1 = 0$$

CAPITULO 24

RADICALES

380.- En este capítulo solamente se tratarán los números aritméticos y consecuentemente, la teoría que se desarrolle será aplicable a los números algebraicos positivos. No obstante se estudiarán algunas aplicaciones a los números negativos.

381.- Raíz cuadrada de un número dado, es un número cuyo cuadrado es igual al número dado.

La raíz cuadrada de 49 es 7, ya que $7^2 = 49$
La raíz cuadrada de 29.16 es 5.4 ya que $5.4^2 = 29.16$

La raíz cuadrada de $9/25$ es $3/5$ ya que $\left(\frac{3}{5}\right)^2 = \frac{9}{25}$

La raíz cúbica de un número dado, es un número cuya tercera potencia es igual al número dado.
La raíz cúbica de 64 es 4, ya que $4^3 = 64$
La raíz sexta de 1 000 000 es 10, ya que $10^6 = 1\ 000\ 000$
En general,

382.- La raíz enésima de un número dado "a", es "p", si $p^n = a$

La raíz enésima de un número también se define como sigue:

383.- La raíz enésima del número dado "a", es uno de los "n" factores iguales en los que se ha descompuesto el número dado "a".

384.- Al referirse a la operación que tiene por objeto determinar una raíz determinada de un número se utilizan indistintamente las expresiones:

CALCULAR LA RAIZ
SACAR LA RAIZ
EXTRAER LA RAIZ

EXPRESION GENERAL DE LA RAIZ DE UN NUMERO

385.- Para indicar que se va a extraer la raíz enésima de un número "a". Se utiliza el signo $\sqrt{\ }$ que se lee raíz; se coloca el número "a" dentro del signo de raíz, y se coloca el número "n" en el ángulo de dicho signo, es decir la raíz enésima del número "a" se expresa en la forma $\sqrt[n]{a}$

A esta expresión se le llama RADICAL y se lee RAIZ ENESIMA DE "a".

SUBRADICAL

386.- Subradical es el número o expresión colocados dentro del signo de raíz.

En los radicales,

$$\sqrt[3]{9a^2m} \quad \sqrt[5]{\frac{a+b}{m^2}-40} \quad \sqrt[2]{2147}, \quad 9a^2m, \quad \frac{a+b}{m^2}-40 \quad y \quad 2147$$

son subradicales.

INDICE DE UN RADICAL

387.- Indice de un radical es el número que se coloca en el ángulo del signo de RAIZ. Su valor indica lo que se ha dado en llamar GRADO DEL RADICAL.

Así, los radicales $\sqrt[3]{a}$, $\sqrt[7]{14}$, $\sqrt[n]{b^2}$ tienen por índices, 3, 7 y n y son del 3°, 7° y enésimo grado respectivamente.

Por convención, la raíz cuadrada se expresa sin utilizar el índice 2, como sigue:

$\sqrt{34}$, $\sqrt{a^2+b}$, $\sqrt{x^3}$ . . . etc.

387.- A.- Es oportuno advertir que $\sqrt{\ }$ no es una raíz de índice 1, pues por definición $\sqrt[1]{a}=a$, es decir, que si en las operaciones con radicales, resulta un radical de índice 1, el índice y el signo pueden suprimirse sin que se altere el valor del subradical.

RAIZ EXACTA DE UN NÚMERO

388.- La raíz exacta de un número es el número que elevado a la potencia que es indicada por el índice del radical, es EXACTAMENTE IGUAL al valor del número dado.

Así, $\sqrt{81}=9$, $\sqrt[3]{8}=2$, $\sqrt[5]{100000}=10$, $\sqrt{32.49}=5.7$, son raíces exactas.

RAIZ APROXIMADA DE UN NUMERO

389.- La raíz aproximada de un número, es el mayor número cuya potencia indicada por el índice del radical está contenida en el número dado.

Ejemplos:

$\sqrt{56}=7.483...$ $\sqrt[5]{27}=1.933...$ $\sqrt[7]{247}=2.1969...$

390.- Actualmente (1996) la extracción de raíces se puede efectuar: por medio de los lagoritmos, que se tratarán más adelante; con una regla de cálculo polifásica, o con una calculadora científica.

PROPIEDADES FUNDAMENTALES DE LOS RADICALES

De la definición de la raíz enésima de un número, se deducen las dos propiedades fundamentales siguientes:

391.- Primera. El exponente del subradical y el índice del radical se nulifican, SI SON DEL MISMO VALOR.

Así, $\sqrt[n]{a^n}=a$ ya que la raíz "a" elevada a la enésima potencia, es igual al número dado a^n.

Ejemplos:

1° $\sqrt{7^2}=7$

2° $\sqrt[3]{8a^3b^9x^{12}}=\sqrt[3]{\left(2ab^3x^4\right)^3}=2ab^3x^4$

3° $\sqrt[nq]{b^{nq}}=b$

4° $\sqrt[5]{\left(\frac{a^2+1}{m}\right)^5}=\frac{a^2+1}{m}$

5° $15\sqrt[4]{m^4}=15m$

392.- Segunda. El exponente de la potencia a la que está elevado un radical y el índice del radical se nulifican, si exponente e índice son del mismo valor.

Así, $\left(\sqrt[n]{a}\right)^n=a$ puesto que la expresión indica que, primero, se extraiga la raíz enésima de "a", y después se eleve dicha raíz a la enésima potencia resultando, evidentemente, el valor "a".

Ejemplos:

1° $\left(\sqrt{25}\right)^2=25$ 2° $a^q=\left(\sqrt[n]{a^q}\right)^n$

3° $\left(\sqrt[6]{\frac{m^2+1}{a^3+b^4}}\right)^6=\frac{m^2+1}{a^3+b^4}$

4° $3a\sqrt[3]{(m+2)^3}=3a(m+2)$

SIGNO DE UN RADICAL

393.- El signo de un radical puede ser positivo o negativo.

Es necesario no confundir el signo de un radical (385) con el signo positivo del subradical (386).

Ejemplos: $-\sqrt[3]{a+2}$ $\sqrt[3]{3x^2}$ $-\sqrt{a^3-1}$

COEFICIENTE DE UN RADICAL

394.- El coeficiente de un radical es el número, letra o expresión que multiplica a un radical y que indica las veces que el radical se debe repetir como sumando o como substraendo.

Es preciso no confundir el coeficiente de un radical, que es un factor del radical, con cualesquiera de los factores que pueda tener el subradical.

Ejemplos:

En $3\sqrt{m}$, $(a+b)\sqrt[n]{2x^2}$, $-4\sqrt[5]{4b-6}$ y $-2\sqrt[4]{a^3-5}$,

3, $a+b$ 4 (no el 4 de 4 b) y 2, son coeficientes.

Así mismo, $3\sqrt{m}=\sqrt{m}+\sqrt{m}+\sqrt{m}$ $-2\sqrt[4]{a^2-5}=-\sqrt[4]{a^2-5}-\sqrt[4]{a^2-5}$

RADICALES SEMEJANTES

395.- Radicales semejantes son los que tienen: índices iguales; subradicales iguales; coeficientes y signos iguales o diferentes.

$5\sqrt[4]{3a^2m^3}$, $-24\sqrt[4]{3a^2m^3}$, $\sqrt[4]{3a^2m^3}$, $bc\sqrt[4]{3a^2m^3}$

son radicales semejantes.

Por el significado que tienen los coeficientes de los radicales, los radicales semejantes que pertenecen a una expresión algebraica, pueden reducirse.

Ejemplos:

1° $5\sqrt[7]{a^2}-2\sqrt[4]{b^3}+3\sqrt[7]{a^2}-8\sqrt[4]{b^3}=8\sqrt[7]{a^2}-10\sqrt[4]{b^3}$

2° $a\sqrt{m-1}-b\sqrt{m-1}=(a-b)\sqrt{m-1}$

RADICALES OPUESTOS

396.- Son dos radicales que tienen coeficientes iguales, radicales iguales y signos opuestos.

$7\sqrt[3]{a^2 b}$ y $-7\sqrt[3]{a^2 b}$ son radicales opuestos.

En una expresión algebraica que contiene radicales opuestos, se nulifican de dos en dos.

Ejemplo:

$$a\sqrt[4]{m^2-1}+2\sqrt[3]{m^2}-a\sqrt[4]{m^2-1}+\sqrt[4]{m^2-1}=2\sqrt[3]{m^2}+\sqrt[4]{m^2-1}$$

TEOREMAS SOBRE LOS RADICALES

Los teoremas sobre los radicales tienen por objeto poder ejecutar operaciones con los radicales.

397.- **TEOREMA.** El producto de varios radicales del mismo índice, es igual a un radical del mismo índice que tiene por subradical el producto de los subradicales.

Ejemplos:

1° $\sqrt[3]{a}\ \sqrt[3]{b^2}\ \sqrt[3]{c^4}=\sqrt[3]{a\,b^2\,c^4}$

2° $\left(2\sqrt{7}\right)\left(4\sqrt{15}\right)\left(-\sqrt{3}\right)=-8\sqrt{7\text{ x }15\text{ x }3}=-8\sqrt{315}$

3° $\sqrt{a+b}\ \sqrt{a-b}=\sqrt{(a+b)(a-b)}=\sqrt{a^2-b^2}$

Demostración

Sea el producto $\sqrt[n]{a}\ \sqrt[n]{b}\ \sqrt[n]{c}$ para el cual se tiene:

$$\sqrt[n]{a}\ \sqrt[n]{b}\ \sqrt[n]{c}=\sqrt[n]{\left(\sqrt[n]{a}\ \sqrt[n]{b}\ \sqrt[n]{c}\right)^n}=\sqrt[n]{\left(\sqrt[n]{a}\right)^n\left(\sqrt[n]{b}\right)^n\left(\sqrt[n]{c}\right)^n}=\sqrt[n]{a\,b\,c}$$

(391) (97) (392)

L.Q.Q.D.

398.- **TEOREMA.** El cociente de dos radicales del mismo índice, es igual a un radical del mismo índice cuyo subradical es el cociente de los subradicales.

Ejemplos:

1° $\dfrac{\sqrt{a^3}}{\sqrt{m}}=\sqrt{\dfrac{a^3}{m}}$ 2° $\dfrac{\sqrt[n]{a^2-b^2}}{\sqrt[n]{a-b}}=\sqrt[n]{\dfrac{a^2-b^2}{a-b}}=\sqrt[n]{a+b}$

3° $\dfrac{4\sqrt[3]{b^4}}{6\sqrt[3]{a/b}}=\dfrac{4}{6}\sqrt[3]{\dfrac{b^4}{a/b}}=\dfrac{2}{3}\sqrt[3]{\dfrac{b^5}{a}}$

Demostración

Sea el cociente $\dfrac{\sqrt[n]{a}}{\sqrt[n]{b}}$ para el cual se tiene:

$$\frac{\sqrt[n]{a}}{\sqrt[n]{b}}=\sqrt[n]{\left(\frac{\sqrt[n]{a}}{\sqrt[n]{b}}\right)^n}=\sqrt[n]{\frac{\left(\sqrt[n]{a}\right)^n}{\left(\sqrt[n]{a}\right)^n}}=\sqrt[n]{\frac{a}{b}}$$

(391) (210) (392)

L.Q.Q.D.

399.- **TEOREMA.** Para elevar un radical a una potencia, se eleva el subradical a dicha potencia.

1° $\left(\sqrt[3]{a^2}\right)^4=\sqrt[3]{\left(a^2\right)^4}=\sqrt[3]{a^8}$ 2° $\left(\sqrt[n]{a^p}\right)^q=\sqrt[n]{\left(a^p\right)^q}=\sqrt[n]{a^{pq}}$

3° $\left(\sqrt[4]{a^2\,b\,x^3}\right)^5=\sqrt[4]{\left(a^2\,b\,x^3\right)^5}=\sqrt[4]{a^{10}\,b^5\,x^{15}}$

Demostración

Sea la expresión $\left(\sqrt[n]{a}\right)^m$ para la cual se obtiene.

$$\left(\sqrt[n]{a}\right)^m=\sqrt[n]{\left[\left(\sqrt[n]{a}\right)^m\right]^n}=\sqrt[n]{\left[\left(\sqrt[n]{a}\right)^n\right]^m}=\sqrt[n]{a^m}$$

L.Q.Q.D.

400.- **TEOREMA.** Para extraer la raíz "m" de un radical, se multiplica el índice del radical por "m" y se extrae la raíz resultante.

Ejemplos:

1° $\sqrt[4]{\sqrt[3]{a}}=\sqrt[12]{a}$ 2° $\sqrt[m]{\sqrt[n]{b^q}}=\sqrt[mn]{b^q}$ 3° $\sqrt[3]{\sqrt{64}}=\sqrt[6]{64}=2$

Demostración

Sea la expresión $\sqrt[m]{\sqrt[n]{a}}$ de la que se obtiene:

$$\sqrt[m]{\sqrt[n]{a}}=\sqrt[mn]{\left(\sqrt[m]{\sqrt[n]{a}}\right)^{mn}}=\sqrt[mn]{\left[\left(\sqrt[m]{\sqrt[n]{a}}\right)^m\right]^n}=\sqrt[mn]{\left[\sqrt[n]{a}\right]^n}=\sqrt[mn]{a}$$

L.Q.Q.D.

(391) (96) (392) (391)

401.- **TEOREMA.** El valor de un radical no se altera, si se multiplica o divide el índice del radical y el exponente del subradical por un mismo número.

Ejemplos:

1° $\sqrt{a^3 b}=\sqrt[2\times 3]{\left(a^3 b\right)^3}=\sqrt[6]{a^9 b^3}$ 2° $\sqrt[3]{27}=\sqrt[3\times 4]{27^4}=\sqrt[12]{27^4}$

3° $\sqrt[6]{25}=\sqrt[6/3]{25^{1/3}}=\sqrt{25^{1/3}}$

4° $\sqrt[4]{\dfrac{m^2 x^4}{(a+1)^2}}=\sqrt{\left(\dfrac{m^2 x^4}{(a+1)^2}\right)^{1/2}}=\sqrt{\dfrac{m x^2}{(a+1)}}$

(Posteriormente se demostrará que con los exponentes fraccionarios se pueden aplicar los principios de los exponentes enteros.)

Demostración

Sea el radical $\sqrt[m]{a^n}$ del que se obtiene:

$$\sqrt[m]{a^n}=\left(\sqrt[q]{\sqrt[m]{a^n}}\right)^q=\left(\sqrt[mq]{a^n}\right)^q=\sqrt[mq]{a^{nq}}$$

L.Q.Q.D.

(392) (400) (399)

Para el caso de la división se procede en forma semejante con la igualdad,

$$\sqrt[m]{a^n} = \left(\sqrt[1/q]{\sqrt[m]{a^n}} \right)^{1/q}$$

402.- Como se indicó en los productos notables, (323) para memorizar fácilmente las dos propiedades fundamentales de los radicales y los cinco teoremas anteriores, conviene memorizar las respectivas fórmulas.

391 $\sqrt[n]{a^n} = a$

392 $\left(\sqrt[n]{a}\right)^n = a$

397 $\sqrt[n]{a}\ \sqrt[n]{b}\ \sqrt[n]{c} = \sqrt[n]{a\,b\,c}$

398 $\dfrac{\sqrt[n]{a}}{\sqrt[n]{b}} = \sqrt[n]{\dfrac{a}{b}}$

399 $\left(\sqrt[n]{a}\right)^m = \sqrt[n]{a^m}$

400 $\sqrt[m]{\sqrt[n]{a}} = \sqrt[mn]{a}$

401 $\sqrt[m]{a^n} = \sqrt[mq]{a^{nq}}$ y $\sqrt[m]{a^n} = \sqrt[m/q]{a^{n/q}}$

TRANSFORMACIONES DE LOS RADICALES

Tienen por objeto obtener radicales con los cuales sea posible ejecutar operaciones con ellos.

403.- **Introducir el coeficiente de un radical, al subradical.**

1° A la expresión $a\,m^2 \sqrt[3]{b}$ se puede aplicar el número (391) como se indica enseguida:

$$a\,m^2\sqrt[3]{b}=\sqrt[3]{a^3}\ \sqrt[3]{(m^2)^3}\ \sqrt[3]{b}=\sqrt[3]{a^3\,m^6\,b}$$

(397)

2° De la expresión $(a+b)\sqrt[n]{m+1}$ se obtiene,

$$(a+b)\sqrt[n]{m+1}=\sqrt[n]{(a+b)^n}\ \sqrt[n]{m+1}=\sqrt[n]{(a+b)^n\,(m+1)}$$

3° En $6a\sqrt[3]{b^2\,c}=6\sqrt[3]{a^3\,b^2\,c}$

De aquí la siguiente regla:

404.- **REGLA.** Para introducir el coeficiente de un radical al subradical, se eleva el coeficiente a una potencia igual al índice del radical y se introduce como factor del subradical.

405.- **Sacar el factor, de un subradical que es un producto de varios factores.**

1° De la expresión $\sqrt[5]{a^5\,b^2\,c^3}$ se obtiene:

$$\sqrt[5]{a^5\,b^2\,c^3}=\sqrt[5]{a^5}\ \sqrt[5]{b^2\,c^3}=a\sqrt[5]{b^2\,c^3}$$ (Se sacó el factor a^5)

(397) (391)

2° De $\sqrt[3]{125\,a\,b}$ resulta:

$$\sqrt[3]{125ab}=\sqrt[3]{125}\ \sqrt[3]{ab}=5\sqrt[3]{ab}$$ (Se sacó el factor 125)

3° De $\sqrt[4]{a\,x^5\,y^6}$ se obtiene:

$$\sqrt[4]{a\,x^5\,y^6}=\sqrt[4]{a\,x\,x^4\,y^2\,y^4}=\sqrt[4]{x^4}\ \sqrt[4]{y^4}\ \sqrt[4]{a\,x\,y^2}=x\,y\sqrt[4]{a\,x\,y^2}$$

(94) (397) (391)

en donde se sacaron los factores x^4 y y^4

4° De $\sqrt[3]{a^3\,x+a^3\,m\,y}$ resulta:

$$\sqrt[3]{a^3\,x+a^3\,m\,y}=\sqrt[3]{a^3\,(x+m\,y)}=\sqrt[3]{a^3}\ \sqrt[3]{x+m\,y}=a\sqrt[3]{x+m\,y}$$

(85) (397) (391)

De aquí la siguiente regla:

406.- **REGLA.** Para sacar un factor, de un subradical que es un producto de varios factores, se extrae la raíz indicada por el índice del radical, al factor que se va a sacar, si es posible, y se coloca como coeficiente del subradical.

407.- **Reducir el índice de un radical.**

Tiene por objeto expresar el índice de un radical con el número más sencillo posible, sin que se altere el valor del radical.

Sea el radical $\sqrt[6]{a^3 b^9 x^{12}}$ al que se puede aplicar sucesivamente el teorema (401) como se indica:

$$\sqrt[6]{a^3 b^9 x^{12}}=\sqrt{a b^3 x^4}=x^2 \sqrt{a b^3}$$

Análogamente $\sqrt{x^2 y^4 z^6}=x y^2 z^3$

De lo anterior se deduce que es necesario encontrar un número que divida al índice y a los exponentes de los factores del subradical, y que dicho número sea el mayor posible, para obtener la máxima reducción. Consecuentemente, dicho número será el m.c.d. (156) del índice y de los exponentes.

De aquí la siguiente regla:

408.- **REGLA.** Para reducir el índice de un radical, se divide el índice y los exponentes de los factores del subradical, por su máximo común divisor.

409.- **Conversión de varios radicales a un índice común.**

1° Sean los radicales $\sqrt{a}$ y $\sqrt[3]{b}$

Según el número (401), el índice y el exponente del subradical del primer radical se pueden multiplicar por 3, y el índice y el exponente del subradical del segundo radical por 2, resultando,

$\sqrt{a}=\sqrt[6]{a^3}$ y $\sqrt[3]{b}=\sqrt[6]{b^2}$, es decir, los radicales se han convertido a radicales del mismo índice, sin que se altere el valor de cada uno de ellos.

2° Los radicales $6\sqrt{a^3 b}$, $\sqrt[4]{m x^2}$ y $\sqrt[3]{6 a^2 m^2 x}$ se pueden convertir al índice común 2 x 4 x 3 = 24 que es un múltiplo común de los índices 2, 4 y 3; pero se obtiene un índice común de valor mínimo si se utiliza el mínimo común múltiplo (163) de los índices, que es 12.

Por lo tanto, se obtienen los radicales,

$6\sqrt[12]{a^{18}b^{6}}$ $\sqrt[12]{m^{3}x^{6}}$ y $\sqrt[12]{6^{4}a^{8}m^{8}x^{4}}$ del mismo valor que los radicales dados y de índice común.

De aquí, la siguiente regla:

410.- **REGLA.** Para convertir varios radicales a un índice común: se determina el índice común, que es igual al m.c.m., de los índices; para cada radical se calcula el cociente del índice común entre su índice; se multiplican el índice y los exponentes del subradical, por el cociente del radical respectivo.

Ejemplos:

Sean las expresiones $a^{2}\sqrt[5]{m+1}$ $3\sqrt{x-y^{2}}$ y $\sqrt[10]{ab^{2}c}$ m.c.m. (5, 2, 10) = 10

Cocientes $\frac{10}{5}=2$ $\frac{10}{2}=5$ y $\frac{10}{10}=1$

Expresiones resultantes $a^{2}\sqrt[10]{(m+1)^{2}}$ $3\sqrt[10]{(x-y^{2})^{5}}$ $\sqrt[10]{ab^{2}c}$

OPERACIONES CON LOS RADICALES

411.- SUMA Y RESTA. Las expresiones algebraicas que contienen términos con radicales, se suman y se restan como se ha indicado en los números (312) y (314), teniendo presente, en la simplificación de los resultados, lo establecido sobre radicales semejantes (395) y radicales opuestos (396).

En algunos casos la simplificación de radicales semejantes y opuestos, se efectúa aplicando las transformaciones convenientes (403) a (410).

Ejemplos:

1° $3\sqrt[5]{a^{2}}+5\sqrt[5]{a^{2}}-10\sqrt[5]{a^{2}}=-2\sqrt[5]{a^{2}}$

2° De $\sqrt{9x^{3}}-\sqrt[3]{27a^{2}}$ restar $-2\sqrt[4]{x^{6}}+\sqrt[6]{64a^{4}}$

$\sqrt{9x^3}-\sqrt[3]{27a^2}+2\sqrt[4]{x^6}-\sqrt[6]{64a^4}=3x\sqrt{x}-3\sqrt[3]{a^2}+2x\sqrt{x}-2\sqrt[3]{a^2}$

$=5x\sqrt{x}-5\sqrt[3]{a^2}$

3° $\sqrt{a^2(x+y)}-\sqrt{16a^2x+16a^2y}=a\sqrt{x+y}-\sqrt{16a^2(x+y)}$

$=a\sqrt{x+y}-4a\sqrt{x+y}=-3a\sqrt{x+y}$

4° $\sqrt[3]{135}-\sqrt[3]{40}=\sqrt[3]{27\text{ x }5}-\sqrt[3]{8\text{ x }5}=3\sqrt[3]{5}-2\sqrt[3]{5}=\sqrt[3]{5}$

5° $7\sqrt{\sqrt[6]{a^4}}+2\left(\sqrt[3]{\sqrt[4]{a}}\right)^4-4\sqrt[9]{a^3}=7\sqrt[12]{a^4}+2\sqrt[12]{a^4}-4\sqrt[3]{a}$

$=7\sqrt[3]{a}+2\sqrt[3]{a}-4\sqrt[3]{a}=5\sqrt[3]{a}$

412.- MULTIPLICACION Y DIVISION. Téngase presentes los teoremas (397) y (398).

Ejemplos:

1° $\sqrt[5]{a^2b}\ \sqrt[5]{a^3b^4c^2}=\sqrt[5]{a^5b^5c^2}=ab\sqrt[5]{c^2}$

2° $\sqrt[3]{8a}\ \sqrt{16a^3b}=2\sqrt[3]{a}\left(4a\sqrt{ab}\right)=2\sqrt[6]{a^2}\left(4a\sqrt[6]{a^3b^3}\right)=8a\sqrt[6]{a^5b^3}$

3° $\left(7\sqrt{2}-4\sqrt{5}\right)\left(3\sqrt{2}-8\sqrt{5}\right)=21\sqrt{4}-56\sqrt{10}-12\sqrt{10}+32\sqrt{25}$

$=21\text{ x }2-68\sqrt{10}+32\text{ x }5=202-68\sqrt{10}$

4° $\dfrac{5\sqrt[3]{a^4x}}{4\sqrt[3]{a^2}}=\dfrac{5}{4}\sqrt[3]{a^2x}$

5° $\dfrac{\sqrt{3x^2-4x-4}}{\sqrt{3x+2}}=\sqrt{x-2}$ (Por división directa)

6° $\sqrt{21/44} \div \sqrt{28/33} = \sqrt{\frac{21}{44}\,\frac{33}{28}} = 0.75$

7° $\frac{\sqrt{a^3\,b^2\,c^3\,x}}{\sqrt[3]{a^4\,b^2\,c^4\,x}} = \sqrt[6]{\frac{a^9\,b^6\,c^9\,x^3}{a^8\,b^4\,c^8\,x^2}} = \sqrt[6]{a\,b^2\,c\,x}$

SIGNO DE UNA RAIZ

En lo que sigue se estudiarán algunas aplicaciones de los radicales, a los números negativos.

413.- Ya se ha visto que $\sqrt{16} = 4$, pero por definición, también $\sqrt{16} = -4$ ya que $(-4)(-4) = 16$.

Entonces la raíz cuadrada de 16 tiene dos valores que son, + 4 y − 4.

Esto se expresa en la forma $\sqrt{16} = \pm 4$ que se lee raíz cuadrada de 16, igual a más o menos 4.

Por el contrario, aunque $\sqrt[3]{8} = 2$, $\sqrt[3]{8}$ no puede ser -2, ya que $(-2)^3 = -8$ y $-8 \neq 8$ $\neq$ (léase diferente de).

Considerando lo establecido respecto a las potencias pares e impares de los números negativos (291) y de lo anterior, se deducen las aplicaciones siguientes:

414.- Primera. Los radicales que tengan como índice un número entero positivo y par, tienen por raíces dos valores iguales en valor absoluto pero de signo contrario.

Ejemplos:

$\sqrt[6]{64} = \pm 2$ $6\,\sqrt[4]{81} = 6(\pm 3) = \pm 18$

En $x = 5 + \sqrt{49} = 5 \pm 7$ es decir que "x" tiene dos valores que son $x_1 = 5 + 7 = 12$ y $x_2 = 5 - 7 = -2$

415.- Segunda. Los radicales que tengan como índice un número entero positivo e impar, tienen una sola raíz que es positiva.

Ejemplos:

$\sqrt[3]{8} = 2$ puesto que $(-2)^3 \neq 8$

$\sqrt[5]{243} = 3$ puesto que $(-3)^5 \neq 243$

$12 + \sqrt[3]{64} = 12 + 4 = 16$

415.- Tercera. Los radicales de subradical negativo que tengan como índice un número entero, positivo e impar, tienen una raíz negativa.

Ejemplos:

$\sqrt[3]{-8} = -2$ ya que $(-2)^3 = -8$

$\sqrt[5]{-a^{10} b^{15}} = -a^2 b^3$ ya que $(-a^2 b^3)^5 = [(-1)(a^2 b^3)]^5$

$=(-1)(a^{10} b^{15}) = -a^{10} b^{15}$

$\sqrt[7]{-16384} = -4$ ya que $(-4)^7 = -16384$

417.- Cuarta. Un radical con subradical negativo que tenga como índice un número entero positivo y par, no tiene raíz positiva ni negativa. Se dice que tiene una RAIZ IMAGINARIA.

En efecto, $\sqrt{-4}$ no es -2 ni $+2$ ya que $(-2)^2 \neq -4$ y $(+2)^2 \neq -4$

Las raíces imaginarias han dado origen a los llamados NUMEROS IMAGINARIOS que tienen importantes aplicaciones y que se estudian en matemáticas más avanzadas.

EXPONENTES FRACCIONARIOS

Los exponentes fraccionarios facilitan las operaciones con los radicales, a más de tener numerosas aplicaciones.

418.- **TEOREMA.** El valor de un radical es igual al subradical elevado a un exponente fraccionario que tiene por numerador el exponente del subradical y por denominador el índice del radical.

Ejemplos:

$\sqrt{a^3}=a^{3/2}$ $\qquad \sqrt[3]{a^2 b}=a^{2/3} b^{1/3}$ $\qquad \sqrt[m]{a^n}=a^{n/m}$

Demostración

Sea el radical $\sqrt[m]{a^n}$ del cual se obtiene:

$\sqrt[m]{a^n}=\sqrt[m/m]{a^{n/m}}=a^{n/m}$ L.Q.Q.D.

(401)

419.- **TEOREMA.** A los exponentes fraccionarios son aplicables los teoremas de los exponentes enteros.

Ejemplos:

1° $a^{1/2} a^{2/3}=a^{1/2+2/3}=a^{7/6}$ $\qquad$ 2° $x^{2/3} \div x^{3/5}=x^{2/3-3/5}=x^{1/15}$

3° $\left(m^{3/4}\right)^{6/5}=m^{(3/4)(6/5)}=m^{9/10}$ $\qquad$ 4° $\sqrt[4/3]{\sqrt[6/5]{y}}=\sqrt[8/5]{y}$

(400)

Demostración

La demostración comprende los cinco casos siguientes:

Primero. Producto de dos potencias de un mismo número. (Teorema 93).

Sea el producto $a^{n/m} a^{p/q}$ del que se obtiene:

$a^{n/m} a^{p/q}=\sqrt[m]{a^n} \sqrt[q]{a^p}=\sqrt[mq]{a^{nq}} \sqrt[mq]{a^{pm}}=\sqrt[mq]{a^{nq} a^{pm}}=\sqrt[mq]{a^{nq+pm}}$

(418) (410) (397) (93)

$=a^{\frac{nq+pm}{mq}}=a^{\frac{n}{m}+\frac{p}{q}}$ L.Q.Q.D.

(418) (79 y 189)

Segundo. Cociente de dos potencias de un mismo número. (292)
Sea el cociente $a^{n/m} \div a^{p/q}$ del cual se obtiene:

$$a^{n/m} \div a^{p/q} = \frac{\sqrt[m]{a^n}}{\sqrt[q]{a^p}} = \frac{\sqrt[mq]{a^{nq}}}{\sqrt[mq]{a^{pm}}} = \sqrt[mq]{\frac{a^{nq}}{a^{pm}}} = \sqrt[mq]{a^{nq-pm}} = a^{\frac{nq-pm}{mq}} = a^{\frac{n}{m}-\frac{p}{q}}$$

(418) (410) (398) (292) (418) (80 y 189)

L.Q.Q.D.

Tercero. Elevación de la potencia de un número a otra potencia. (Teorema 96).

Sea la potencia $(a^{n/m})^{p/q}$ de la que se obtiene:

$$\left(a^{n/m}\right)^{p/q} = \left(\sqrt[m]{a^n}\right)^{p/q} = \sqrt[q]{\left(\sqrt[m]{a^n}\right)^p} = \sqrt[q]{\sqrt[m]{a^{np}}} = \sqrt[qm]{a^{np}} = a^{\frac{np}{qm}} = a^{\frac{n}{m}\frac{p}{q}}$$

(418) (418) (399) (400) (418)

L.Q.Q.D.

Cuarto. Equivalencia de un radical. (Teorema 418).

Sea el radical $\sqrt[n/m]{a^{p/q}}$ del cual se obtiene:

$$\sqrt[n/m]{a^{p/q}} = \sqrt[\frac{n/m}{n/m}]{a^{\frac{p/q}{n/m}}} = a^{\frac{p/q}{n/m}}$$

L.Q.Q.D.

(401) (387-A)

Quinto. Raíz de la raíz de un número. (Teorema 400).

Sea la expresión $\sqrt[m/n]{\sqrt[p/q]{a}}$ de la que se obtiene:

$$\sqrt[m/n]{\sqrt[p/q]{a}} = \sqrt[\frac{m}{n}\frac{p}{q}]{\left(\sqrt[p/q]{a}\right)^{p/q}} = \sqrt[\frac{m}{n}\frac{p}{q}]{a}$$

L.Q.Q.D.

(401) (392)

Observación

Los exponentes fraccionarios facilitan las operaciones que se ejecutan con los radicales.

Ejemplos:

1° $$\frac{\sqrt[4]{a^3}\ \sqrt{a^3}}{\sqrt[3]{\sqrt{a^9}}\ \sqrt[4]{a}}=\frac{a^{3/4}\ a^{3/2}}{\sqrt[6]{a^9\ a^{1/4}}}=\sqrt{a}$$

2° $$\left(\sqrt[5]{\sqrt[3]{a^2}}\right)^6\ \sqrt[5]{a}=a^{12/15}\ a^{1/5}=a$$

CAPITULO 25

ECUACIONES DE SECUNDO GRADO CON UNA INCOGNITA

420.- Suponiendo que la incógnita se represente por “x”, una ecuación de segundo grado con una incógnita cuando más puede contener:

Un término en x^2 afectado de un coeficiente que generalmente se expresa por “a”.

Un término en “x” afectado de un coeficiente expresado por “b”.

Un término independiente expresado por “c”.

Entonces, una ecuación de la forma,

$$a\,x^2 + b\,x + c = 0 \qquad (1)$$

es la ECUACION GENERAL DE SEGUNDO GRADO CON UNA INCOGNITA, es decir, es la ecuación representativa de todas las ecuaciones posibles de segundo grado con una incógnita.

Estableciendo pues, el procedimiento para resolver la ecuación (1), se tendrá el procedimiento para resolver cualquier ecuación de segundo grado con una incógnita.

RESOLUCION DE LA ECUACION GENERAL DE SEGUNDO GRADO CON UNA INCOGNITA

421.- Sea la ecuación, $a\,x^2 + b\,x + c = 0$ que se puede poner en la forma

$$a\,x^2 + b\,x = -\,c$$

Con objeto de convertir el primer miembro en una expresión que tenga la forma del producto notable del número (317), lo que facilitará las transformaciones posteriores, multiplíquense ambos miembros por $4a$ y agréguenseles b^2, quedando

$4a^2x^2 + 4abx + b^2 = b^2 - 4ac$ ó $(2ax + b)^2 = b^2 - 4ac$

Extrayendo la raíz cuadrada a ambos miembros, resulta,

$$2ax+b = \pm\sqrt{b^2 - 4ac}$$

Despejando a "x", se obtiene finalmente,

$$x=\frac{-b\pm\sqrt{b^2 - 4ac}}{2a} \qquad (2)$$

que es la fórmula que se utiliza para resolver la ecuación (1).

La incógnita tendrá dos valores, puesto que el radical del numerador tiene dos valores; uno positivo y uno negativo.

Designando los valores de la incógnita por x_1 y x_2 se deducen las dos ecuaciones siguientes, con las cuales se obtendrán los valores numéricos que deben verificar a la ecuación que se trata de resolver.

$$x_1=\frac{-b+\sqrt{b^2 - 4ac}}{2a} \qquad (3)$$

$$x_2=\frac{-b-\sqrt{b^2 - 4ac}}{2a} \qquad (4)$$

APLICACIONES DE LA FORMULA

422.- Como la fórmula (2) se utiliza para deducir los valores de la incógnita de una ecuación de la forma (1), para resolver una ecuación cualquiera de segundo grado con una incógnita, es necesario transformarla previamente a la forma general (1).

Entonces la ecuación por resolver, deberá tener todos sus términos positivos y en el primer miembro (301).

Ejemplos:

1° Resolver la ecuación $3x^2 + 6 = 9x$

Se tiene,

$3x^2 + 6 - 9x = 0$ ó $3x^2 + (-9)x + 6 = 0$

que es una ecuación de la forma general, luego,

$$x=\frac{-(-9)\pm\sqrt{(-9)^2-4(3)(6)}}{2 \text{ x } 3}=\frac{9\pm3}{6}$$

$$\therefore \quad x_1=\frac{9+3}{6}=2 \quad y \quad x_2=\frac{9-3}{6}=1$$

Comprobación:

Para $x = 2$ $\quad 3 \text{ x } 2^2 + 6 = 9 \text{ x } 2 \quad \therefore \quad 18 = 18$

Para $x = 1$ $\quad 3 \text{ x } 1^2 + 6 = 9 \text{ x } 1 \quad \therefore \quad 9 = 9$

2° Resolver la ecuación $x^2 + 3x = 28$

Se tiene,

$x^2 + 3x - 28 = 0$ ó $x^2 + 3x + (-28) = 0$

que es una ecuación de la forma general, luego,

$$x=\frac{-3\pm\sqrt{3^2-4(1)(-28)}}{2 \text{ x } 1}=\frac{-3\pm11}{2}$$

$$\therefore \quad x_1=\frac{-3+11}{2}=4 \quad y \quad x_2=\frac{-3-11}{2}=-7$$

Comprobación:

Para $x = 4$ $\quad 4^2 + 3 \text{ x } 4 = 28 \quad \therefore \quad 28 = 28$

Para $x = -7$ $\quad (-7)^2 + 3(-7) = 28 \quad \therefore \quad 28 = 28$

3° Resolver la ecuación $x+\frac{1}{x-3}=5$

Se tiene sucesivamente:

$(x - 3)x + 1 = (x - 3)5$ $\quad x^2 - 3x + 1 = 5x - 15$

$x^2 + (-8)x + 16 = 0$ que es una ecuación de la forma general, y

$$x=\frac{-(-8)\pm\sqrt{(-8)^2-4(1)(16)}}{2 \text{ x } 1}=\frac{8\pm0}{2}=4 \quad \therefore \quad x_1=x_2=4$$

Comprobación:

$$4+\frac{1}{4-3}=5 \qquad 5=5$$

ECUACIONES INCOMPLETAS DE SEGUNDO GRADO CON UNA INCOGNITA

423.- Toda ecuación de segundo grado con una incógnita, que carezca del término en x o del término independiente, se llama ECUACION INCOMPLETA.

Estas ecuaciones también se resuelven aplicando la fórmula de la ecuación general, aunque muchas veces resulta más sencillo aplicar procedimientos especiales. Sin embargo, es preferible aplicar un solo procedimiento a toda clase de ecuaciones y olvidarse de los casos especiales, tal como aquel en el que coeficiente de x^2 es la unidad y al que se le da especial importancia.

Ejemplo:

Resolver la ecuación $a x^2 + b x = 0$

Se tiene, $a x^2 + b x + 0 = 0$ luego,

$$x=\frac{-b\pm\sqrt{b^2-4a(0)}}{2a}=\frac{-b\pm b}{2a}$$

$$\therefore \quad x_1=\frac{-b+b}{2a}=0 \quad y \quad x_2=\frac{-b-b}{2a}=-\frac{b}{a}$$

Comprobación:

Para $x = 0$ $\quad a \times 0 + b \times 0 = 0 \quad \therefore \quad 0 = 0$

Para $x=-\frac{b}{a}$ $\quad a\left(-\frac{b}{a}\right)^2+b\left(-\frac{b}{a}\right)=0 \quad \therefore \quad \frac{b^2}{a}-\frac{b^2}{a}=0$

Esta ecuación incompleta también se puede resolver como sigue:

Factorizando, resulta $x (a x + b) = 0$ y como el producto puede ser cero solamente cuando, $x = 0$ o cuando $a x + b = 0$, se deduce:

$$x=0 \quad y \quad x=-\frac{b}{a}$$

que son las raíces buscadas.

PROPIEDADES DE LAS RAICES DE LA ECUACION GENERAL DE SEGUNDO GRADO CON UNA INCOGNITA

Las propiedades que tienen aplicaciones importantes, son: el valor de la suma de las raíces, y el valor del producto de las raíces.

SUMA DE LAS RAICES

424.- La suma de las raíces de una ecuación de segundo grado con una incógnita, es igual al cociente del coeficiente de x entre el coeficiente de x^2, tomado con signo contrario.

En efecto sumando miembro a miembro las ecuaciones (3) y (4) de la página 140 y simplificando, se obtiene:

$$x_1+x_2=-\frac{b}{a}$$

PRODUCTO DE LAS RAICES

424- A.- El producto de las raíces de una ecuación de segundo grado con una incógnita es igual al término independiente dividido por el coeficiente de x^2.

Multiplicando miembro a miembro las ecuaciones (3) y (4) de la página 140, y simplificando, se tiene,

$$x_1\ x_2=\frac{c}{a}$$

APLICACIONES

425.- En las ecuaciones en las que el coeficiente de x^2 es la unidad y cuya forma general es,

$$x^2+bx+c=0, \qquad (5)$$

la suma y el producto de las raíces tienen por valores,

$x_1+x_2=-b$ y $x_1\ x_2=c$

Estas últimas propiedades permiten formar una ecuación de la forma (5) cuyas raíces se conocen.

Ejemplo:

Formar la ecuación cuyas raíces son 2 y – 5.

Se tiene, por las propiedades de las raíces,

$x_1 + x_2 = 2 + (-5) = -3 = -b \quad \therefore \quad b = 3$

$x_1 \, x_2 = 2(-5) = -10 = c \quad \therefore \quad c = -10$

Por lo tanto, $x^2 + 3x - 10 = 0$

que es la ecuación buscada, cuyas raíces se pueden comprobar resolviéndola por los métodos ya conocidos.

Las propiedades de las raíces también se utilizan para comprobar fácilmente los valores de las raíces que se obtengan al resolver una ecuación de segundo grado con una incógnita.

DISCUSION DE LA ECUACION GENERAL DE SEGUNDO GRADO CON UNA INCOGNITA

426.- Para la discusión se consideran los valores que puede tener el subradical de la fórmula (2) de la página 139.

El subradical $b^2 - 4ac$ se llama DISCRIMINANTE DE LA ECUACION DE SEGUNDO GRADO CON UNA INCOGNITA.

Generalmente la discusión comprende los tres casos siguientes:

Primero. El valor del discriminante es mayor que cero.

Suponiendo que el valor absoluto de la raíz cuadrada del discriminante, sea “d”, se tiene,

$x_1 = \frac{-b+d}{2a}$ y $x_2 = \frac{-b-d}{2a}$ es decir, la solución de la ecuación tendrá dos raíces de valores diferentes.

Segundo. El valor del discriminante es igual a cero.

Entonces, $x_1 = \frac{-b}{2a}$ y $x_2 = \frac{-b}{2a}$ es decir, la solución de la ecuación tendrá una sola raíz.

Tercero. El valor del discriminante es menor que cero.

La solución de la ecuación tendrá raíces imaginarias. (417)

ECUACIONES DE SEGUNDO GRADO CON DOS INCOGNITAS

427.- Estas ecuaciones también se resuelven, como en el caso de las ecuaciones de primer grado con dos incógnitas, es decir, dándole valores a una de las incógnitas.

Dando un valor a una de las incógnitas, la ecuación puede convertirse, según sean los términos que contenga: en una ecuación de segundo grado con una incógnita, o en una ecuación de primer grado con una incógnita. En ambos casos la ecuación resultante se resolverá por los procedimientos ya conocidos.

Por ejemplo, si en la ecuación,

$x^2+y^2=25 \quad \therefore \quad x=\pm\sqrt{25-y^2}$ se da a "y" el valor 3,

$x=\pm\sqrt{16}=\pm 4$

Entonces, con el valor de 3 que se ha dado a y, se han encontrado dos soluciones de la ecuación que son:

Primera solución, $x_1=4$ y $y=3$

Segunda solución, $x_2=-4$ y $y=3$

En esta forma se pueden obtener todas las soluciones que se desee.

ECUACION GENERAL DE SEGUNDO GRADO CON DOS INCOGNITAS

428.- Hagamos un examen del tipo de términos que cuando más, puede contener la ecuación.

Procediendo ordenadamente y considerando cada término en su expresión más general se tiene:

TERMINOS DE SEGUNDO GRADO

Un término en x^2 de la forma general Ax^2.

Un término en xy que también es de segundo grado, de la forma general Bxy.

Un término en y^2 de la forma Cy^2.

TERMINOS DE PRIMER GRADO

Un término en x, de la forma Dx.

Un término en y, de la forma Ey.

TERMINOS INDEPENDIENTES

Un término que no contenga a ninguna de las incógnitas, que se le designa por F.

Entonces, la ecuación general de segundo grado con dos incógnitas es de la forma siguiente:

$$Ax^2 + Bxy + Cy^2 + Dx + Ey + F = 0$$

Es muy importante tener presente el significado que se ha dado a cada una de las literales que representan cantidades que se suponen conocidas, pues en matemáticas superiores se habla por ejemplo, del coeficiente B, y debe entenderse que se trata del que pertenece al término Bxy.

Por último, obsérvese que dando un valor a una de las incógnitas, la ecuación toma la forma de una ecuación general de segundo grado con una incógnita.

CAPITULO 26

LOGARITMOS

El matemático escocés Juan Napier (1550-1617) inventó los **Logaritmos** fundamentándose en los dos principios siguientes:

Primero.

429.- Cualquier número positivo es igual a una potencia determinada de un número positivo, excepto cuando este último es la unidad.

Según esto, con las potencias correspondientes de un solo número positivo se pueden representar todos los números positivos que se desee.

Por ejemplo, si se eligen las potencias de 5 para representar a los números 5, 10, 16, 20 y 25 se tiene, como se podrá comprobar posteriormente.

$5^{1} = 5 \quad 5^{1.433067} = 10 \quad 5^{1.7227} = 16 \quad 5^{1.86135} = 20 \quad 5^{2} = 25$

De aquí que los números positivos también pueden elevarse a potencias que son números decimales.

Segundo.

430.- Los teoremas de los exponentes enteros son aplicables a los exponentes decimales.

Ejemplos:

$2^{3.21} \text{ x } 2^{3} \text{ x } 2^{2.8} = 2^{3.21+3+2.8} = 2^{9.01}$

$\sqrt[3]{10^{0.762}} = 10^{0.762/3} = 10^{0.254}$ etc.

La expresión matemática de los dos principios tiene la forma general,

$b^{n} = N$ en donde el número positivo "N" es igual a una potencia determinada del número positivo "b".

De aquí la siguiente definición:

431.- El logaritmo de un número “N” es el exponente “n” a que ha de elevarse un número “b”, llamado base, para obtener el número “N”.

432.- EXPRESION CONVENCIONAL. El logaritmo de base “b” del número “N” se expresa en la forma,

$\log_b N = n$ o lo que es lo mismo $n = \log_b N$

Es evidente que son equivalentes las expresiones,

$b^n = N$ y $\log_b N = n$

433.- ANTILOGARITMO DE UN LOGARITMO es el número al cual pertenece el logaritmo.

De $b^n = N$, $n = \log_b N$ y por definición $\text{antilog}_b\, n = N$

434.- COLOGARITMO DE UN NUMERO es el logaritmo del inverso del número.

Así $\text{colog}_b N = \log_b \frac{1}{N}$

Los cologaritmos se utilizan en determinados cálculos logarítmicos.

Los productos, los cocientes, la elevación a potencias y la extracción de raíces, de los números, se facilita notablemente aplicando los logaritmos, para lo cual es necesario establecer los teoremas que se relacionan con estas operaciones.

TEOREMAS GENERALES PARA EL CALCULO POR MEDIO DE LOS LOGARITMOS

435.- **TEOREMA.** El logaritmo de un producto de varios factores es igual a la suma de los logaritmos de los factores.

Demostración

Sea el producto A B C

1° Representando cada factor por una determinada potencia de la base “b” se tiene:

$A = b^m$ y consecuentemente $m = \log_b A$

$B = b^n$ y consecuentemente $n = \log_b B$

$C = b^q$ y consecuentemente $q = \log_b C$

2° Entonces, multiplicando miembro a miembro las tres primeras igualdades resulta:

$A\,B\,C = b^m\, b^n\, b^q = b^{m+n+q}$ de donde por definición de logaritmo,

3° $\log_b (A\,B\,C) = m + n + q$ y substituyendo los valores de m, n y q, se obtiene,

4° $\log_b (A\,B\,C) = \log_b A + \log_b B + \log_b C$ L.Q.Q.D.

El teorema permite establecer la siguiente regla:

436.- **REGLA.** Para calcular el producto de varios factores por medio de logaritmos, se suman los logaritmos de los factores y se deduce el antilogaritmo del logaritmo resultante.

437.- **TEOREMA.** El logaritmo de un cociente es igual al logaritmo del dividendo menos el logaritmo del divisor.

Sea el cociente $\dfrac{A}{B}$

Siguiendo un razonamiento semejante al de la demostración del teorema anterior, se obtiene sucesivamente:

1° $A = b^m$ y consecuentemente $m = \log_b A$

$B = b^n$ y consecuentemente $n = \log_b B$

2° $\dfrac{A}{B} = \dfrac{b^m}{b^n} = b^{m-n}$ 3° $\log_b \dfrac{A}{B} = m - n$

4° $\log_b \dfrac{A}{B} = \log_b A - \log_b B$

L.Q.Q.D.

De esto se deduce la siguiente regla:

438.- **REGLA.** Para calcular un cociente por medio de logaritmos, se resta del logaritmo del dividendo el logaritmo del divisor y se deduce el antilogaritmo del logaritmo resultante.

439.- **TEOREMA.** El logaritmo de la potencia de un número, es igual al exponente de la potencia multiplicado por el logaritmo del número.

Sea la potencia A^n y q el logaritmo de base "b" de "A". Entonces,

1° $A = b^q$ y consecuentemente $q = \log_b A$
2° $A^n = (b^q)^n = b^{qn}$ 3° $\log_b A^n = n\,q$
4° $\log_b A^n = n \log_b A$ L.Q.Q.D.
De aquí la siguiente regla:

440.- **REGLA.** Para calcular la potencia de un número por medio de logaritmos, se multiplica el exponente de la potencia por el logaritmo del número y se deduce el antilogaritmo del logaritmo resultante.

441.- **TEOREMA.** El logaritmo de un radical es igual al logaritmo del subradical dividido por el índice del radical.

Sea el radical $\sqrt[m]{A}$ y q el logaritmo de base b de A.

1° $A = b^q$ y consecuentemente $q = \log_b A$

2° $\sqrt[m]{A} = \sqrt[m]{b^q} = b^{q/m}$ 3° $\log_b \sqrt[m]{A} = \frac{q}{m}$

4° $\log_b \sqrt[m]{A} = \frac{\log_b A}{m}$ L.Q.Q.D.

De esto se deduce la siguiente regla:

442.- **REGLA.** Para calcular la raíz emésima de un número por medio de logaritmos, se divide el logaritmo del número entre el índice del radical y se deduce el antilogaritmo del logaritmo resultante.

CAPITULO 27

LOGARITMOS DECIMALES

443.- Los logaritmos decimales tienen por base el número positivo 10 y por consiguiente, con las respectivas potencias de 10 se pueden representar todos los números que se desee.

SISTEMA DE LOGARITMOS DECIMALES

444.- Los conceptos, definiciones, principios, propiedades, teoremas, etc., que se verán sobre los logaritmos decimales, constituyen el SISTEMA DE LOGARITMOS DECIMALES.

445.- EXPRESION CONVENCIONAL. LOGARITMO DECIMAL, se indica simplemente con la abreviatura **log**.

Por lo tanto, se tienen las siguientes expresiones:

$10^n = N$ $\quad$ $n = \log N$ $\quad$ ó $\quad$ $\log N = n$

$\text{antilog } n = N$ $\quad$ $\text{colog } N = \log \frac{1}{N}$

446.- **TEOREMAS.** Los cuatro teoremas generales para el cálculo por medio de logaritmos (435, 437, 439 y 441) y las respectivas reglas que se deducen de ellos, son aplicables a los logaritmos decimales, y por lo tanto,

$\log A\,B = \log A + \log B$ $\quad$ $\log \frac{A}{B} = \log A - \log B$

$\log A^n = n \log A$ $\quad$ $\log \sqrt[n]{A} = \frac{\log A}{n}$

VALOR NUMERICO DE LOS LOGARITMOS DECIMALES

447.- El logaritmo decimal de la base 10, es 1, ya que $10^1 = 10$

448.- El logaritmo decimal de la unidad es 0, ya que $10^0 = 1$

449.- Los logaritmos decimales de los números positivos mayores que la unidad, son positivos.

En efecto, si $\log 1 = 0$, los logaritmos de los números mayores que 1, tendrán logaritmos mayores que cero, es decir positivos.

450.- Los números positivos menores que la unidad, es decir los números decimales sin parte entera, tienen logaritmos negativos.

Puesto que $\log 1 = 0$, los números positivos menores que la unidad, tendrán logaritmos menores que cero, es decir, negativos.

451.- MANTISA de un logaritmo decimal es la parte decimal de dicho logaritmo.

452.- CARACTERISTICA de un logaritmo decimal es la parte entera de dicho logaritmo.

Los números comprendidos entre $1 = 10^0$ y $10 = 10^1$ es decir, los que contengan UNA CIFRA ENTERA, tales como 2, 3.45, 9.816, etc., tienen logaritmos cuya característica es cero, seguida de la correspondiente mantisa.

Los números comprendidos entre $10 = 10^1$ y $100 = 10^2$ es decir, los que contengan DOS CIFRAS ENTERAS tales como 15, 37.462, 86.1 etc., tienen logaritmos cuya característica es UNO seguida de la correspondiente mantisa.

En general, un número positivo con "n" cifras enteras, tiene un logaritmo decimal cuya característica es igual a $n - 1$ seguida de la correspondiente mantisa.

Análogamente:

Números comprendidos entre: Logaritmos de característica

$1=10^0$ y $0.1=\frac{1}{10}=10^{-1}$ 0

$0.1=10^{-1}$ y $0.01=\frac{1}{100}=10^{-2}$ −1

En general, un número decimal positivo sin parte entera, cuya primera cifra significativa está precedida de "n" ceros después del punto decimal tiene por logaritmo decimal un número cuya característica es igual a "n", seguida de la correspondiente mantisa.

CONVERSIONES DE LOS LOGARITMOS DECIMALES NEGATIVOS

Las dos conversiones principales que se hacen a los logaritmos decimales negativos, no altera el valor de la potencia de 10 a la que pertenecen.

453.- Primera. Tiene por objeto convertir un logaritmo negativo en un logaritmo de característica negativa y mantisa positiva.

La conversión se efectúa sumando y restando la unidad al logaritmo negativo como sigue: sumando − 1 a la característica negativa y restando de + 1 la mantisa negativa.
Ejemplos:

1° El log $-2.4678=-2-0.4678+1-1=-3+0.5322$

logaritmo que por convención se escribe en la forma $\bar{3}.5322$

2° El log $-0.4371=-0-0.4371+1-1=\bar{1}.5629$

454.- En esta primera conversión, la característica negativa del logaritmo negativo, en todos los casos resulta aumentada en una unidad negativa y entonces, **su valor absoluto representará el lugar que ocupa, después del punto decimal, la primera cifra significativa del número decimal al que pertenece el logaritmo así convertido.**

Esta conversión es absolutamente necesaria dado que las tablas de logaritmos decimales se simplifican notablemente conteniendo solamente mantisas positivas.

455.- Segunda. Tiene por objeto convertir un logaritmo de característica negativa y mantisa positiva, en un logaritmo negativo.

La conversión se efectúa simplemente ejecutando las operaciones indicadas por el signo negativo de la característica y el positivo de la mantisa.

Ejemplos:

1° $\overline{3}.5322 = -3 + 0.5322 = -2.4678$

2° $\overline{1}.5629 = -1 + 0.5629 = -0.4371$

VALORES DE LAS CARACTERISTICAS DE LOS LOGARITMOS DECIMALES

Lo deducido respecto de los valores de las características para los logaritmos de los números enteros positivos y para las de los logaritmos de los números decimales positivos menores que la unidad se puede resumir en la siguiente regla:

456.- **REGLA.** La característica del logaritmo decimal de un número positivo mayor que la unidad con "n" cifras enteras, es igual a $n - 1$, y la de un número positivo menor que la unidad, cuya primera cifra significativa de la izquierda ocupe el lugar "m" después del punto decimal, es igual a $-m$ seguida de la respectiva mantisa positiva.

Ejemplos:

Número	Característica del logaritmo decimal
157	2
9.47	0
10045.72	4
0.0147	$\overline{2}$
0.000359	$\overline{4}$

Observación

457.- Las características de los logaritmos decimales se determinan utilizando la regla anterior independientemente del valor correspondiente de la mantisa, que se obtiene de las tablas de logaritmos decimales, como se verá más adelante.

PROPIEDAD FUNDAMENTAL DE LAS MANTISAS

Las mantisas tienen una propiedad muy importante que simplifica notablemente la extensión de las tablas de logaritmos. Dicha propiedad está contenida en el siguiente teorema.

458.- **TEOREMA.** Los números que son $10, 10^2, 10^3 \ldots 10^n$ mayores o menores entre sí, tienen logaritmos decimales de igual mantisa positiva y diferente característica.

Ejemplos:

log 23.5 = 1.371068 (La mantisa se tomó de una tabla de logaritmos)

$\log (23.5 \times 10^4) = \log 23.5 + \log 10^4 = 1.371068 + 4 = 5.371068$

$$\log \frac{23.5}{10^3} = \log 23.5 - \log 10^3 = 1.371068 - 3 = \bar{2}.371068$$

Demostración

1° Sea "N" un número positivo mayor que la unidad y cuyo logaritmo decimal tiene una característica "c" y la mantisa correspondiente "m", es decir,

$\log N = c + m$

Entonces, $\log (N\, 10^n) = \log N + n = c + m + n = (c + n) + m$

El paréntesis no cambia el valor de la última expresión y se utiliza solamente para apreciar con claridad el cambio de valor de la característica y el valor invariable de la mantisa positiva.

También $\log \dfrac{N}{10^n} = \log N - n = c + m - n = (c - n) + m$

2° Para un número "D", decimal sin parte entera y positivo, se tienen para la mantisa positiva (453).

$\log D = -c + m$

$$\log (D\,10^n) = \log D + n = -c + m + n = (-c + n) + m$$

También $$\log \frac{D}{10^n} = \log D - n = -c + m - n = (-c - n) + m$$

L.Q.Q.D.

Consecuencias

459.- Primera. Las tablas de logaritmos decimales contienen solamente MANTISAS POSITIVAS.

460.- Segunda. Las mantisas de los logaritmos de los números decimales, con o sin parte entera, se determinan sin considerar el punto decimal.

Observación

En las calculadoras científicas no es necesario predeterminar el valor de la característica, pues introduciendo el número con su valor verdadero y después pulsando la tecla log, se obtiene como logaritmo un número decimal positivo o negativo según sea el valor del número introducido.

Si se introduce un número negativo, al pulsar la tecla log, aparece la letra E (error).

TABLAS DE LOGARITMOS DECIMALES

461.- Las tablas de logaritmos decimales contienen:

Los números enteros y positivos de 3 cifras (del 100 al 999), o de 4 cifras (del 1000 al 9999) o de más cifras.

Las mantisas de los logaritmos de los números.

Las diferencias de las mantisas consecutivas.

Una tabla de PARTES PROPORCIONALES.

Las más usuales son las de números de 4 cifras con mantisas de 5 o de 6 cifras decimales de aproximación. EN LAS MANTISAS NO APARECE EL PUNTO DECIMAL.

El matemático Briggs (1561-1631) fue el primero en publicar tablas de números de 5 cifras con mantisas de 14 cifras decimales.

DETERMINACION DEL LOGARITMO DECIMAL DE UN NUMERO

Se presentan los dos casos siguientes en cuyas explicaciones se usarán tablas de números de 4 cifras con mantisas de 6 cifras decimales.

462.- Primer caso. El número es de 1, 2, 3 ó 4 cifras.

1° Se determina la característica del logaritmo (456).

2° Se agregan ceros al número, si es necesario, para obtener un número de 4 cifras (458 y 460) ya que la tabla es para números de 4 cifras.

3° Con el número así obtenido, se determina por lectura directa la mantisa respectiva.

Ejemplos:

Número	Característica	Mantisa de		
5647	3	5647; 751818	∴	log 5647 = 3.751818
3.05	0	3050; 484300	"	log 3.05 = 0.484300
0.000062	$\overline{5}$	6200; 792392	"	log 0.000062 = $\overline{5}$.792392
20	1	2000; 301030	"	log 20 = 1.301030
0.002	$\overline{3}$	2000; 301030	"	log 0.002 = $\overline{3}$.301030

463.- Segundo caso. El número es de 5 cifras.

En este caso se acepta, sin incurrir en errores apreciables que **"los pequeños aumentos en los números son directamente proporcionales a los correspondientes aumentos de los logaritmos".**

Sea el número 64257.

Este número está comprendido entre los números consecutivos de logaritmos conocidos, según la tabla,

6425.0 con logaritmo 3.807873 y

6426.0 con logaritmo 3.807941

Se tiene entonces, si se designan los aumentos como se indica enseguida:

A_n = Aumento de los números consecutivos = 1

a_n = Aumento del número menor 6425.0, al número dado 6425.7 = 0.7

A_{log} = Aumento de los logaritmos conocidos = 68 (por comodidad no se utiliza el punto decimal pero debe tenerse presente que son millonésimos).

x = Aumento de logaritmo del número menor al logaritmo del número dado.

$$\frac{A_n}{a_n} = \frac{A_{log}}{x} \qquad \therefore \qquad x = \frac{A_{log} \times a_n}{A_n} \quad \text{y como} \quad A_n = 1,$$

$$x = A_{log}\, a_n \qquad (1)$$

expresión de la que se obtiene para el caso que se estudia,

x = 68 x 0.7 = 47.6 que es el valor en millonésimos que debe agregarse al logaritmo del número menor 6425, es decir,

log 6425.7 = 3.807873 + 0.0000476 = 3.8079206

∴ log 64257 = 4.807921 (458)

Observaciones

Primera. La expresión (1) simplifica el cálculo del aumento x, pues basta multiplicar la diferencia logarítmica A_{log} por el aumento a_n del número menor al número dado.

Segunda. Las tablas de logaritmos decimales contienen las diferencias logarítmicas una tabla adicional intitulada PARTES PROPORCIONALES que sirve para deducir fácilmente los valores de x.

Tercera. A este procedimiento se le llama INTERPOLACION DE VALORES TABULARES.

DETERMINACION DEL ANTILOGARITMO DE UN LOGARITMO

464.- Primer caso. La mantisa del logaritmo se encuentra en las tablas.

1° De las tablas se determina por lectura directa, el número de 4 cifras que corresponde a la mantisa dada.

2° Se sitúa el punto decimal del número encontrado de acuerdo con el valor de la característica dada (456).

Ejemplos:

Determinar los antilogaritmos de los siguientes logaritmos.

log	Número de 4 cifras	Punto decimal		
1º 2.859499	7236	723.6	∴	antilog 2.859499 = 723.6
2º $\overline{4}$.465234	2919	0.0002919	∴	antilog $\overline{4}$.465234 = 0.0002919
3º 0.660865	4580	4.58	∴	antilog 0.660865 = 4.58

465.- Segundo caso. La mantisa del logaritmo no se encuentra en las tablas.

Siguiendo el procedimiento de interpolación (463), se tiene:

A_{log} = Aumento de dos logaritmos consecutivos entre los cuales se encuentra el logaritmo dado.

a_{log} = Aumento del logaritmo menor al logaritmo dado.

A_n = Aumento de los números correspondientes a los dos logaritmos consecutivos.

y = Aumento del número menor al número que se busca.

De esto resulta:

$$\frac{A_{log}}{a_{log}} = \frac{A_n}{y} \quad \therefore \quad y = \frac{a_{log}}{A_{log}} A_n \quad \text{y como} \quad A_n = 1,$$

$$y = \frac{a_{log}}{A_{log}} \tag{2}$$

Esta expresión facilita el cálculo del aumento "y" al número menor, pues basta dividir el aumento a_{log} del logaritmo menor al logaritmo dado, por la diferencia logarítmica A_{log}.

Ejemplos:

Deducir el antilogaritmo de los logaritmos siguientes:

1º antilog 3.471823

El antilogaritmo está comprendido entre los números 2963 con logaritmo 3.471732 y 2964 con logaritmo 3.471878 y por lo tanto,

A_{log} = 3.471878 – 3.471732 = 146 millonésimos

a_{log} = 3.471823 – 3.471732 = 91 millonésimos

de donde se obtiene $y=\frac{91}{146}=0.62$ es decir, el número correspondiente tiene por valor 2963 + 0.62 = 2963.62 y consecuentemente, antilog 3.471823 = 2963.62

2° antilog $\bar{2}.654842$

Número menor 0.04516 con logaritmo $\bar{2}.654754$

$A_{log} = 96 \qquad a_{log} = 88 \therefore y=\frac{88}{96}=0.91$

y antilog $\bar{2}.654842 = 0.0451691$

OPERACIONES CON LOS LOGARITMOS

Las operaciones con los logaritmos son fundamentalmente, la suma, la resta, la multiplicación y la división.

466.- **SUMA Y RESTA.** Se opera simplemente, observando la regla de los signos.

Ejemplos:

1° $3.465821+\bar{5}.495271=3.465821-5+0.495271=-1.038908$

2° $2.875211-\bar{1}.465128-4.217381=2.875211+1-0.465128-4.217381$

$= -0.807298$

467.- **MULTIPLICACION Y DIVISION.** Para facilitar las operaciones se convierten los logaritmos de característica negativa y mantisa positiva, a logaritmos negativos.

Ejemplos:

1° $\frac{\overline{3}.840329}{5}=\frac{-2.159671}{5}=-0.431934=\overline{1}.568066$

2° $(-0.482350)\,(\overline{1}.462358)=(-0.482350)\,(-0.537642)=0.259332$

OPERACIONES QUE SE EJECUTAN POR MEDIO DE LOS LOGARITMOS

468.- En general, las operaciones que se ejecutan por medio de los logaritmos son las que corresponden a la aplicación de las reglas (436), (438), (440) y (442) que fueron deducidas de los teoremas para el cálculo por medio de los logaritmos (435), (437), (439) y (441).

Ejemplos:

Obtener el valor de las siguientes expresiones por medio de logaritmos:

1° $\frac{0.0391\,\sqrt[3]{96.46}}{0.8435^3}=$ Aplicando los respectivos teoremas, se tiene,

$$\log\frac{0.0391\,\sqrt[3]{96.46}}{0.8435^3}=\log 0.0391+\frac{\log 96.46}{3}-3\log 0.8435$$

$$=\overline{2}.592177+\frac{1.984347}{3}-3\times\overline{1}.926085=\overline{1}.475371$$

Ahora bien, siendo este logaritmo, el logaritmo de la expresión, es evidente que el valor numérico de dicha expresión será el respectivo antilogaritmo (433). Entonces,

antilog $\overline{1}.475371=0.2988$ que es el valor de la expresión dada.

2° $\sqrt[6]{0.002879^5}$

$$\log\sqrt[6]{0.002879^5}=\frac{5\times\log 0.002879}{6}=-2.117298=\overline{3}.882702$$

$\therefore$ antilog $\overline{3}.882702=0.007633$ que es el valor buscado.

CAPITULO 28

LOGARITMOS NEPERIANOS

Por las múltiples aplicaciones que tienen los LOGARITMOS NEPERIANOS en las Ciencias Físico-Matemáticas, conviene estudiar sus propiedades y la forma en que se opera con ellos.

469.- EL SISTEMA DE LOGARITMOS NEPERIANOS que se llama también, SISTEMA DE LOGARITMOS NATURALES o SISTEMA DE LOGARITMOS HIPERBOLICOS, tiene por base el número positivo 2.7182818…

Este número se representa por la letra e.

470.- EXPRESION CONVENCIONAL. Logaritmo neperiano se expresa indistintamente por las abreviaturas $\log_e$, ln ó L.

Consecuentemente, para un número "N" cuyo logaritmo neperiano es "n" se tienen las siguientes expresiones.

$e^n = N$ $\quad$ $n = \log_e N$ $\quad$ $\log_e N = n$

471.- ANTILOGARITMO DE UN LOGARITMO NEPERIANO es el número al cual pertenece el logaritmo.

Entonces, si $e^n = N$ y $n = \log_e N$, por definición,
$\text{antilog}_e\, n = N$

472.- **TEOREMAS.** Los cuatro teoremas generales para el cálculo por medio de logaritmos (435, 437, 439, 441) y las respectivas reglas que se deducen de ellos, son aplicables a los logaritmos neperianos y por lo tanto

$$\log_e AB = \log_e A + \log_e B \qquad \log_e \frac{A}{B} = \log_e A - \log_e B$$

$$\log_e A^n = n \log_e A \qquad \log_e \sqrt[n]{A} = \frac{\log_e A}{n}$$

VALOR NUMERICO DE LOS LOGARITMOS NEPERIANOS

473.- El logaritmo neperiano de la base “e”, es 1, puesto que $e^1 = e$

474.- El logaritmo neperiano de la unidad es 0, puesto que $e^0 = 1$

475.- Los logaritmos neperianos de los números positivos mayores que la unidad, son positivos ya que si $\log_e 1 = 0$, los números mayores que 1 tendrán logaritmos neperianos mayores que 0.

476.- Los números positivos menores que 1, es decir los números positivos decimales sin parte entera tienen logaritmos neperianos negativos, ya que, si $\log_e 1 = 0$, los números positivos menores que la unidad, tendrán logaritmos neperianos menores que 0.

TEOREMA FUNDAMENTAL DE LOS LOGARITMOS NEPERIANOS

477.- **TEOREMA.** Los números que son 10, 10^2, 10^3, 10^4 … etc. veces MAYORES o MENORES que un número “N”, tienen logaritmos neperianos que difieren en MAS o en MENOS, respectivamente en, 1 $\log_e 10$, 2 $\log_e 10$, 3 $\log_e 10$, 4 $\log_e 10$ … etc. del $\log_e N$.

Ejemplos:

Puesto que $\log_e 10 = 2.302585$ se obtiene para el número 15 y los números: 1500 que es 10^2 mayor que 15, y 0.0015 que es 10^4 menor que 15.

1° $\log_e 15 = 2.70805$ (valor de las tablas)

2° $\log_e 1500 = \log_e 15 + 2 \times 2.302585 = 7.313220$

3° $\log_e 0.0015 = \log_e 15 - 4 \times 2.302585 = -6.502290$

Demostración

Sea la expresión básica para un número positivo "N" cuyo logaritmo neperiano es "n",

$e^n = N$ y consecuentemente $\log_e N = n$

Si "p" es un exponente entero y positivo de 10, se tiene para $N\,10^p$ que es 10^p veces mayor que "N"

$\log_e (N\,10^p) = \log_e N + p \log_e 10$

Análogamente, para $\dfrac{N}{10^p}$ que es 10^p veces menor que N,

$\log_e \dfrac{N}{10^p} = \log_e N - p \log_e 10$

L.Q.Q.D.

Consecuencias

478.- Primera. Si a un logaritmo neperiano se le suma o se le resta $p \log_e 10$, el antilogaritmo queda multiplicado o dividido respectivamente por 10^p

479.- Segunda. Las tablas de logaritmos neperianos contienen solamente los logaritmos de los números mayores que la unidad, es decir, contienen solamente logaritmos positivos, ya que cualquier número positivo menor que 1, se puede multiplicar por una determinada potencia de 10 que lo haga mayor que 1.

480.- Tercera. La parte entera y la parte decimal de los logaritmos neperianos, no tienen ninguna propiedad de aplicación práctica, que se relacione con la situación del punto decimal o con el número de cifras de los antilogaritmos respectivos.

481.- Cuarta. Una tabla de logaritmos neperianos debe contener los valores de la parte entera y la parte decimal de los logaritmos de los números que contiene la tabla.

RELACION POR COCIENTE ENTRE LOS LOGARITMOS DECIMALES Y LOS LOGARITMOS NEPERIANOS

La relación por cociente entre los logaritmos decimales y los logaritmos neperianos, permite obtener el logaritmo neperiano de un número por medio del correspondiente logaritmo decimal y viceversa.

482.- **TEOREMA.** El cociente del logaritmo decimal de un número entre su logaritmo neperiano, es una constante de valor 0.434294.

Ejemplos:

1° $$\frac{\log 125}{\log_e 125}=\frac{2.096910}{4.828314}=0.434294$$

2° $$\frac{\log 0.0321}{\log_e 0.0321}=\frac{\bar{2}.506505}{-3.438899}=0.434294$$

Demostración

Sea el número N para el cual se tiene en los dos sistemas,

$N = 10^q$ y consecuentemente $q = \log N$

$N = e^n$ y consecuentemente $n = \log_e N$

De aquí que $10^q = e^n$ y tomando logaritmos decimales de ambos miembros se obtiene,

$$q \log 10 = n \log e \qquad \text{ó} \qquad \frac{q}{n}=\log e \quad (447)$$

Como $\log e = 0.434294$ resulta substituyendo los valores de q y n

$$\frac{\log N}{\log_e N}=0.434294$$

L.Q.Q.D.

Por sencillez en las conversiones se utilizan las fórmulas siguientes:

$\log_e N = 2.302585 \log N$ (1)

$\log N = 0.434294 \log_e N$ (2)

TABLAS DE LOGARITMOS NEPERIANOS

483.- En general, las tablas de los logaritmos neperianos de los números, son reducidas, pues las usuales contienen:

Números del 1.00, 1.01, 1.02 … al 9.99 con logaritmos aproximados a 4 cifras decimales.

Números del 1 al 999 con logaritmos aproximados a 5 cifras decimales.

Las tablas no contienen diferencias de logaritmos consecutivos ni tablas adicionales de partes proporcionales.

LOGARITMOS NEPERIANOS DE LOS NUMEROS

Hay dos procedimientos para determinar los logaritmos neperianos de los números.

484.- Primer procedimiento. Consiste en determinar el logaritmo decimal del número dado y aplicar la fórmula (1) del teorema (482).

El procedimiento permite deducir los logaritmos neperianos con la aproximación decimal que desee, pues la constante de la fórmula y el logaritmo decimal se pueden obtener con la aproximación necesaria.

Ejemplos:

1° Deducir el logaritmo neperiano del número 0.004276

Como $\log 0.004276 = \overline{3}.631038 = -2.368962$

$\log_e 0.004276 = 2.302585\ (-2.368962) = -5.454736$

2° Deducir el logaritmo neperiano del número 753.48

Como $\log 753.48 = 2.877072$

$\log_e 753.48 = 2.302585 \times 2.877072 = 6.624703$

485.- Segundo procedimiento. Se basa en el teorema fundamental (477). Consiste en lo siguiente:

1° Se MULTIPLICA o se DIVIDE el número dado, por una potencia de 10, tal, que el RESULTADO sea un número contenido en la tabla de logaritmos neperianos de que se dispone.

2° Se determina el logaritmo neperiano del RESULTADO.

3° Al logaritmo obtenido, se le RESTA el logaritmo neperiano de la potencia de 10 utilizada, si el número dado se multiplicó por dicha potencia, o se le SUMA, si el número dado se dividió.

Ejemplos:

I. Deducir el logaritmo neperiano de 0.00487

1° $0.00487 \times 10^5 = 487$

2° $\log_e 487 = 6.18826$

3° $\log_e 0.00487 = 6.18826 - 5 \times 2.302585 = -5.32466$

II. Deducir el logaritmo neperiano de 7530

1° $\frac{7530}{10} = 753$

2° $\log_e 753 = 6.62407$

3° $\log_e 7530 = 6.62407 + 2.302585 = 8.92665$

Cuando un número no se encuentra en las tablas, su logaritmo neperiano se deduce por el procedimiento de **interpolación de valores tabulares** como se explicó en el número (463).

Al respecto, es de capital importancia recordar que la interpolación de logaritmos se aplica solamente para pequeños aumentos de los números.

ANTILOGARITMOS DE LOS LOGARITMOS NEPERIANOS

Los antilogaritmos de los logaritmos neperianos también se pueden determinar por dos procedimientos.

486.- Primer procedimiento. Se aplica la relación de los logaritmos entre los dos sistemas. Consiste en lo siguiente:

1° Se transforma el logaritmo neperiano dado, en logaritmo decimal mediante la fórmula (2) del teorema (482).

2° Se determina el antilogaritmo del logaritmo decimal encontrado.

487.- Segundo procedimiento. Se aplica el teorema (477). Consiste en lo siguiente:

1° Se SUMA o se RESTA al logaritmo neperiano dado, el logaritmo neperiano de una POTENCIA ENTERA DE 10 tal, que el RESULTADO sea un logaritmo positivo contenido en la tabla de logaritmos neperianos de que se dispone.

2° Se determina el antilogaritmo del logaritmo obtenido.

3° El antilogaritmo determinado se DIVIDE por la POTENCIA ENTERA DE 10 utilizada, si al logaritmo neperiano dado, se le ha

SUMADO el logaritmo neperiano de dicha potencia, o se MULTIPLICA si se ha RESTADO.

Ejemplos:

I. Deducir el antilogaritmo del logaritmo neperiano 10.645425

1° $10.645425 - 3 \log_e 10 = 10.645425 - 6.907755 = 3.73767$

2° $\text{antilog}_e\ 3.73767 = 42$

3° $\text{antilog}_e\ 10.645425 = 42 \times 103 = 42000$

II. Deducir el antilogaritmo del logaritmo neperiano –7.52765

1° $-7.52765 + 4 \log_e 10 = -7.52765 + 9.21034 = 1.68269$

2° $\text{antilog}_e\ 1.68269 = 5.38$

3° $\text{antilog}_e\ -7.52765 = \frac{5.38}{10^4} = 0.000538$

Cuando un logaritmo neperiano se encuentra entre dos valores consecutivos de las tablas, el antilogaritmo se deduce por el procedimiento de **interpolación de valores tabulares,** observando la condición de que los aumentos de los logaritmos deben ser pequeños.

OPERACIONES CON LOS LOGARITMOS NEPERIANOS

488.- Las operaciones con los logaritmos neperianos son fundamentalmente la suma, la resta, la multiplicación y la división, que se efectúan observando los principios relativos a las operaciones que se ejecutan con expresiones algebraicas.

OPERACIONES QUE SE EJECUTAN POR MEDIO DE LOS LOGARITMOS NEPERIANOS

489.- Los productos, cocientes elevación a potencias y extracción de raíces que se ejecutan por medio de los logaritmos neperianos, se obtienen aplicando las reglas (436, 438, 440 y 442) que son de carácter general.

CAPITULO 29

APLICACIONES ESPECIALES DE LOS LOGARITMOS

En el campo del Algebra Elemental, se pueden mencionar las siguientes aplicaciones:

RESOLUCION DE ECUACIONES EXPONENCIALES

490.- Una ecuación exponencial es aquella en la que la incógnita interviene como exponente.

Ejemplos:

$a^x = b \qquad (m^2)^x = p^2 q$

Las ecuaciones exponenciales generalmente se pueden resolver aplicando la teoría de los logaritmos.

Ejemplos:

1° Resolver la ecuación $2^x = 25^2$

Tomando logaritmos de ambos miembros se tiene, $x \log 2 = 2 \log 25$

$$\therefore \qquad x=\frac{2 \log 25}{\log 2}=\frac{2 \text{ x } 1.39794}{0.30103}=9.2877 \quad \text{o también}$$

$$x \log_e 2 = 2 \log_e 25 \quad \therefore \qquad x=\frac{2 \log_e 25}{\log_e 2}=\frac{2 \text{ x } 3.21888}{0.69315}=9.2877$$

2° Resolver la ecuación $(8^2)^x=9^3\sqrt{6}$

$$x \log 8^2=3 \log 9+\frac{\log 6}{2}$$

$$\therefore \qquad x=\frac{3\log 9+\frac{\log 6}{2}}{2\log 8}=\frac{3\times 0.954242+\frac{0.778151}{2}}{2\times 0.90309}=1.800375$$

3° Resolver la ecuación $\sqrt[n]{a^x}=b^p c^x$

Elevando ambos miembros a la potencia n, resulta $a^x = b^{np} c^{nx}$ y tomando logaritmos de ambos miembros,

$x \log a = n\,p \log b + n\,x \log c$

$$\therefore \qquad x=\frac{n\,p\log b}{\log a-n\log c}$$

TRANSFORMACION DE ECUACIONES LOGARITMICAS

491.- Ecuación logarítmica, es aquella en la que en sus términos intervienen logaritmos.

En muchos casos se puede transformar una ecuación logarítmica en una ecuación equivalente que no contenga logaritmos y que se pueda resolver.

Ejemplos:

1° Resolver la ecuación $\log x+\log 0.2+2\log 12=\log 50+\frac{\log 125}{3}$

Aplicando los respectivos teoremas de los logaritmos, se tiene,

$$x\times 0.2\times 12^2=50\sqrt[3]{125}=250 \qquad \therefore \qquad x=\frac{250}{28.8}=8.68$$

Claro está, que el valor de "x" también se obtiene si se despeja log x, se calcula el logaritmo resultante del segundo miembro y se determina el antilogaritmo respectivo.

2° Despejar la incógnita "x" en la ecuación,

$$\log 2+\log x-2\log N=\frac{2\log A}{3}-3\log N$$

Se tiene $\frac{2x}{N^2}=\frac{\sqrt[3]{A^2}}{N^3} \qquad \therefore \qquad x=\frac{\sqrt[3]{A^2}\,N^2}{2N^3}=\frac{\sqrt[3]{A^2}}{2N}$

LA REGLA DE CALCULO

492.- La REGLA DE CALCULO es un dispositivo mecánico que consta de una regla fija; una reglilla de la misma longitud de la regla fija que se puede deslizar a lo largo de esta última, y un pequeño cursor que también se desliza sobre la regla fija.

La regla y la reglilla tienen grabados a escala, los valores de las mantisas de los logaritmos decimales de determinados números y en cada mantisa principal, el valor de los números correspondientes.

Con la regla de cálculo se pueden sumar o restar, mecánicamente, las mantisas y por lo mismo son aplicables los teoremas fundamentales (435, 437, 439 y 441).

El cursor se usa para situar los números y los resultados por medio de una recta fina grabada en él.

Se han fabricado reglas de cálculo para resolver, fácilmente, problemas específicos, tales como los relacionados con la electricidad, la hidráulica, la topografía, el concreto, las operaciones mercantiles, etc.

La regla de cálculo ha sido usada ampliamente en las ciencias Físico-Matemáticas aplicadas, desde su invención hecha por el matemático inglés Edmundo Gunter (1581-1626), hasta aproximadamente el año de 1980 en el que fue definitivamente desplazada por la calculadora científica de bolsillo.

La regla de cálculo perfeccionada que se le conoce como Regla de Cálculo Polifásica es un instrumento práctico, de fácil manejo y de numerosas aplicaciones.

LA CALCULADORA CIENTIFICA DE BOLSILLO

492- A.- Después de haber terminado el estudio de los logaritmos y sobre todo, para quienes van a proseguir con el estudio de matemáticas más avanzadas, es indispensable que adquieran una CALCULADORA CIENTIFICA DE BOLSILLO.

Con la calculadora se simplifican notablemente numerosas operaciones.

Por ejemplo, para utilizar los logaritmos, solamente son necesarias las definiciones, los signos de los logaritmos y los teoremas para ejecutar las operaciones por medio de los logaritmos.

Con la calculadora se obtienen directamente los logaritmos decimales, los logaritmos neperianos positivos y negativos así como los antilogaritmos con una magnifica aproximación decimal. Esto hace innecesario; operar con las características positivas o negativas; las conversiones de los logaritmos; el uso de las tablas de logaritmos y consecuentemente las interpolaciones tabulares.

También, los valores numéricos de las potencias, los radicales, los de los productos de varios factores, etc., se obtienen fácilmente.

Ejemplos:

l og 54285 = 4.7346798   log 0.046 = 1.3372422

loge 825 = 6.7153834   log3 0.94725 = —0.0541922

antilog 3.4627 = 2902   antilog – 1.4623 = 0.0344905

antiloge 7.4631= 1742.5416   antiloge – 3.4875 = 0.0305772

$(-3)^{-7} = -0.0004572$ $\sqrt[4]{6^3} = 0.2608474$

Los resultados se pueden comprobar fácilmente, por medio de las operaciones inversas respectivas o aplicando los teoremas adecuados.

CAPITULO 30

PROGRESIONES

PROGRESIONES ARITMETICAS

493.- Una progresión aritmética es una sucesión ordenada de números, tales, que cualesquiera de ellos es igual al que le precede más un número contante llamado razón.

Ejemplos:

1° Los números 6, 9, 12, 15, 18 constituyen una progresión aritmética de razón 3.

2° Los números 95, 90, 85, 80, constituyen una progresión aritmética de razón – 5.

EXPRESION CONVENCIONAL

494.- Una progresión aritmética se expresa convencionalmente, colocando un punto entre cada uno de los números que la forman.

Ejemplos:

1° 5.7.9.11.13.15 es una progresión aritmética de razón 2, que se lee, es a 5, es a 7, es a 9, … etc.

2° a.b.c.d. … j.k. es una progresión aritmética que se lee, es a "a", es a "b", es a "c" … etc.

495.- TERMINO. Los números que forman una progresión aritmética se llaman términos de la progresión.

496.- PROGRESION ARITMETICA CRECIENTE es la que tiene por razón un número positivo.

497.- PROGRESION ARITMETICA DECRECIENTE es la que tiene por razón un número negativo.

498.- DESIGNACION DE LOS ELEMENTOS DE UNA PROGRESION ARITMETICA. Se han generalizado las siguientes:

a = Primer término
l = Ultimo término
r = Razón
n = Número de términos
S = Suma de los términos de la progresión

499.- **TEOREMA.** Cualquier término de una progresión aritmética, es igual a la suma del primero, más el producto del número de términos que le anteceden por la razón.

Ejemplos:
En la progresión 20.24.28.32.36.40 … etc. de razón 4,
El décimo término tiene por valor 20 + 9 x 4 = 56
El quinto término tiene por valor 20 + 4 x 4 = 36
Demostración
Por definición (493) se tiene:

Primer término			a
Segundo término			a + r
Tercer término	a + r + r	ó	a + 2 r
Cuarto término	a + 2 r + r	ó	a + 3 r
Quinto término	a + 3 r + r	ó	a + 4 r etc.

De los valores obtenidos se INDUCE que un término "j" que ocupe el lugar "h" y que evidentemente le anteceden h–1 términos, tiene por valor,

$j_h = a + (h - 1) r$ L.Q.Q.D.

FORMULA FUNDAMENTAL DE LAS PROGRESIONES ARITMETICAS

500.- La fórmula fundamental de las progresiones se deduce aplicando el teorema (499) al último término "l", que ocupa el lugar "n" y que le anteceden n–1 términos, obteniéndose,

$$l = a + (n - 1)\,r \qquad (1)$$

que es la fórmula buscada y con la que se puede deducir el valor de cualesquiera de sus literales, si se conocen los valores de las tres restantes.

Ejemplo:

Determinar el valor de la razón de una progresión aritmética cuyo primer término es 6, el número de términos 17 y el último término 94.

$$r = \frac{l - a}{n - 1} = \frac{94 - 6}{17 - 1} = 5.5$$

SUMA DE LOS TERMINOS DE UNA PROGRESION ARITMETICA

501.- En general, una progresión aritmética, como ya se ha visto, puede expresarse en la forma,

$$a.a + r.a + 2r.a + 3r \ldots l - 3r, l - 2r. l - r. l$$

Sumando: el primer término con el último; el segundo con el penúltimo; el tercero con el antepenúltimo, y sumando así los **términos equidistantes de los extremos,** se obtiene la suma "S" de todos los términos de la progresión, es decir,

$$S = (a + l) + (a + r + l - r) + (a + 2r + l - 2r) \ldots \text{ hasta } n/2 \text{ sumas}$$
$$= (a + l) + (a + l) + (a + l) \ldots \text{ hasta } n/2 \text{ sumandos o sea}$$

$S = (a+l)\,\frac{n}{2}$ que es la fórmula de la suma, que se acostumbra ponerla en la forma,

$$S = \frac{a + l}{2}\,n \qquad (2)$$

Substituyendo el valor de "*l*" de la fórmula (1) del número (500) se tiene, simplificando,

$$S=n\left(a+r\,\frac{n-1}{2}\right) \qquad (3)$$

que es una fórmula en la que solamente intervienen "a", "r" y "n" para calcular "S".

Ejemplos:

1° Determinar la suma de los términos de una progresión aritmética cuyo primer término es 7, la razón 8, y tiene 19 términos.

$$S=n\left(a+r\,\frac{n-1}{2}\right)=19\left(7+8\,\frac{19-1}{2}\right)=1501$$

2° ¿Cuál es la suma de los "n" primeros números enteros?

$$S=n\left(a+r\,\frac{n-1}{2}\right)=n\left(1+1\,\frac{n-1}{2}\right)$$

$$\therefore \qquad S=(n+1)\,\frac{n}{2}$$

3° ¿Cuál es la suma de los "n" primeros números enteros impares?

$$S=n\left(a+r\,\frac{n-1}{2}\right)=n\left(1+2\,\frac{n-1}{2}\right)$$

$$\therefore \quad S=n^2$$

PROGRESIONES GEOMETRICAS

502.- Una progresión geométrica es una sucesión de números, tales, que cualesquiera de ellos es igual al que le antecede multiplicado por un número constante llamado razón.

Ejemplos:

1° 3, 6, 12, 24 forman una progresión geométrica de razón 2.

2° 256, 128, 64, 32 son números de una progresión geométrica de razón 0.5.

503.- EXPRESION CONVENCIONAL. Las progresiones geométricas se expresan colocando dos puntos entre cada uno de los números que la forman. Así,

2:6:18:54:162 es una progresión geométrica de razón 3, que se lee, es a 2, es a 6, es a 18 … etc.

a:b:c:d: … m es una progresión geométrica que se lee, es a "a", es a "b", es a "c" … etc.

504.- TERMINO es el nombre que se da a cada uno de los números que forman una progresión geométrica.

505.- DESIGNACION DE LOS ELEMENTOS DE UNA PROGRESION GEOMETRICA. Se acostumbra designarlos como sigue:

a = Primer término
l = Ultimo término
r = Razón
n = Número de términos
S = Suma de los términos de la progresión

506.- **TEOREMA.** Cualquier término de una progresión geométrica, es igual al primer término multiplicado por la razón elevada a un exponente igual al número de términos que anteceden al término considerado.

Ejemplo:
En la progresión 3:6:12:24:48:96:192 de razón 2,
el 5° término tiene por valor $3 \times 2^4 = 48$
el 7° término tiene por valor $3 \times 2^6 = 192$
Demostración

Por definición (502) y utilizando las literales del número (505) se tiene:

Primer término			a
Segundo término			a r
Tercer término	a r r	ó	$a\,r^2$
Cuarto término	$a\,r^2\,r$	ó	$a\,r^3$

y siendo el valor de cada exponente de "r", igual al número de términos que anteceden al término del que se determina su valor, se INDUCE que un término "j_h" que ocupa el lugar "h" y que evidentemente le anteceden h–1 términos, tiene por valor,

$j_h = a\,r^{h-1}$ L.Q.Q.D.

FORMULA FUNDAMENTAL DE LAS PROGRESIONES GEOMETRICAS

507.- Aplicando el teorema (506) al último término resulta,

$l = a\,r^{n-1}$ (1)

que es la fórmula buscada de la cual se puede calcular cualesquiera de sus literales conociendo los valores de las tres literales restantes.

Ejemplos:

1° Calcular la razón de una progresión geométrica que tiene por primer término 4, último término 972 y consta de 6 términos.

De la fórmula (1) se tiene tomando logaritmos de ambos miembros,

$$\log l = \log a + (n-1)\log r$$

$$\therefore \quad \log r = \frac{\log l - \log a}{n-1} = \frac{\log 972 - \log 4}{6-1} = 0.477121$$

y antilog 0.477121 = 3

2° Deducir el valor del décimo término de una progresión geométrica que tiene por primer término 3 y por razón 2.

$l = a\,r^{n-1} = 3 \text{ x } 2^{10-1} = 1536$

SUMA DE LOS TERMINOS DE UNA PROGRESION GEOMETRICA

508.- Por definición (502), una progresión geométrica tiene la forma general,

$$a : ar : ar^2 : ar^3 : \ldots \frac{l}{r^3} : \frac{l}{r^2} : \frac{l}{r} : l$$

y consecuentemente, la suma de sus términos tiene por valor,

$$S= a + ar + ar^2 + ar^3 + \ldots \frac{l}{r^3} + \frac{l}{r^2} + \frac{l}{r} + l \qquad (2)$$

Multiplicando ambos miembros de esta ecuación por "r", se obtiene:

$$r\,S= ar + ar^2 + ar^3 + ar^4 + \quad \frac{l}{r} + \frac{l}{r} + l + l\,r \qquad (3)$$

Restando miembro a miembro la (2) de la (3) y observando que la suma

$ar + ar^2 + \ldots \frac{l}{r} + l$ es idéntica en ambas igualdades, resulta,

$$r\,S - S = l\,r - a \quad \text{ó} \quad S\,(r-1) = l\,r - a$$

$$\therefore \qquad S = \frac{l\,r - a}{r-1} \qquad (4)$$

que es la fórmula usual de la suma.

Substituyendo el valor de "l" de la (1) del número (507) se tiene,

$$S=\frac{a\,r^{n-1}\,r - a}{r-1}=\frac{a\,r^n - a}{r-1}$$

$$\therefore \qquad S=a\,\frac{r^n - 1}{r-1} \qquad (5)$$

que es una fórmula en la intervienen solamente "a", "r" y "n" para calcular la suma.

Ejemplos:

1° Calcular la suma de los nueve términos de una progresión geométrica que tiene por primer término 4 y razón 3.

$$S=a\,\frac{r^n - 1}{r-1}=4\,\frac{3^9 - 1}{3-1}=39364$$

2° ¿Cuántos términos debe contener una progresión geométrica para que su suma sea igual a 117 186 si su primer término es 6 y su razón 5?

De la fórmula (5) se deduce

$$r^n=\frac{S(r-1)}{a}+1=\frac{117\,186(5-1)}{6}+1=78125$$

Tomando logaritmos de ambos miembros $n=\frac{\log 78125}{\log 5}=7$

Observación

Las progresiones aritméticas son necesarias para deducir algunas fórmulas de la cátedra de Cálculos Mercantiles, y las progresiones geométricas son indispensables para deducir las múltiples fórmulas que se estudian en CALCULOS FINANCIEROS que es una asignatura importante de la carrera de Contador Público.

NUMEROS DE LOS PARRAFOS, DEFINICIONES, TEOREMAS, REGLAS, ETC. Y PAGINAS EN DONDE SE ENCUENTRAN

Núm	Pag	Núm	Pág	Núm	Pág	Núm	Pág	Núm	Pág	Núm	Pág
1	11	51	21	101	51	151	"	201	96	251	"
2	"	52	"	102	"	152	"	202	97	252	120
3	"	53	"	103	52	153	73	203	"	253	121
4	"	54	"	104	"	154	75	204	"	254	"
5	"	55	"	105	33	155	"	205	98	255	122
6	"	56	"	106	"	156	"	206	"	256	125
7	12	57	"	107	53	157	76	207	99	257	"
8	"	58	22	108	"	158	"	208	"	258	126
9	"	59	"	109	54	159	"	209	"	259	"
10	"	60	"	110	"	160	77	210	100	260	"
11	"	61	23	111	"	161	78	211	102	261	127
12	"	62	24	112	"	162	"	212	"	262	"
13	13	63	"	113	"	163	"	213	"	263	"
14	"	64	25	114	"	164	80	214	"	264	128
15	"	65	"	115	55	165	81	215	103	265	129
16	14	66	26	116	"	166	"	216	"	266	"
17	"	67	"	117	"	167	"	217	"	267	130
18	"	68	"	118	"	168	"	218	104	268	"
19	"	69	28	119	56	169	"	219	"	269	"
20	"	70	"	120	57	170	82	220	"	270	"
21	15	71	30	121	58	171	"	221	105	271	131
22	"	72	"	122	59	172	"	222	"	272	"
23	"	73	31	123	"	173	"	223	106	273	"
24	"	74	"	124	"	174	83	224	107	274	"
25	16	75	32	125	61	175	"	225	108	275	132
26	"	76	33	126	63	176	"	226	109	276	133

27	"	77	"	127	"	177	"	227	110	277	"
28	"	78	34	128	"	178	84	228	111	278	"
29	"	79	35	129	64	179	"	229	"	279	134
30	17	80	36	130	"	180	"	230	112	280	"
31	"	81	38	131	"	181	"	231	"	281	"
32	"	82	39	132	"	182	"	232	113	282	135
33	"	83	41	133	"	183	85	233	114	283	"
34	"	84	42	134	"	184	"	234	"	284	136
35	"	85	"	135	65	185	86	235	"	285	"
36	"	86	43	136	"	186	"	236	"	286	137
37	18	87	44	137	66	187	87	237	"	287	"
38	"	88	"	138	67	188	88	238	"	288	138
39	"	89	45	139	"	189	"	239	"	289	"
40	"	90	"	140	68	190	89	240	115	290	139
41	19	91	"	141	"	191	90	241	"	291	"
42	"	92	46	142	69	192	92	242	116	292	"
43	"	93	"	143	"	193	"	243	"	293	140
44	"	94	47	144	70	194	93	244	"	294	"
45	"	95	"	145	"	195	"	245	117	295	142
46	"	96	"	146	"	196	94	246	118	296	"
47	"	97	"	147	"	197	"	247	"	297	143
48	20	98	48	148	"	198	95	248	"	298	"
49	"	99	49	149	72	199	"	249	"	299	144
50	"	100	50	150	"	200	"	250	119	300	145

Núm	Pag	Núm	Pág	Núm	Pág	Núm	Pág	Núm	Pág
301	145	351	177	401	202	451	226	501	250
302	146	352	"	402	203	452	"	502	251
303	"	353	"	403	"	453	227	503	252
304	"	354	178	404	204	454	"	504	"
305	"	355	"	405	"	455	228	505	"
306	147	356	179	406	205	456	"	506	"
307	"	357	"	407	"	457	229	507	253
308	148	358	180	408	"	458	"	508	"
309	"	359	"	409	"	459	230		
310	149	360	184	410	206	460	"		
311	"	361	"	411	"	461	"		
312	150	362	185	412	207	462	231		
313	"	363	186	413	208	463	"		
314	"	364	"	414	"	464	232		
315	151	365	188	415	209	465	233		
316	152	366	"	416	"	466	234		
317	153	367	"	417	"	467	"		
318	"	368	"	418	210	468	235		
319	"	369	190	419	"	469	236		
320	154	370	"	420	213	470	"		
321	"	371	191	421	"	471	"		
322	"	372	"	422	214	472	"		
323	"	373	"	423	216	473	237		
324	155	374	192	424	217	474	"		
325	157	375	"	425	"	475	"		
326	159	376	193	426	218	476	"		
327	162	377	"	427	219	477	"		
328	163	378	"	428	"	478	238		
329	164	379	194	429	221	479	"		
330	"	380	195	430	"	480	"		
331	165	381	"	431	222	481	"		
332	"	382	"	432	"	482	239		
333	166	383	"	433	"	483	"		
334	167	384	"	434	"	484	240		
335	"	385	196	435	"	485	"		
336	"	386	"	436	223	486	241		
337	168	387	"	437	"	487	"		
338	"	388	197	438	"	488	242		
339	169	389	"	439	"	489	243		
340	170	390	"	440	224	490	244		
341	"	391	"	441	"	491	245		

342	171	392	198	442	224	492	246
343	"	393	199	443	225	493	248
344	"	394	"	444	"	494	"
345	"	395	"	445	"	495	"
346	173	396	200	446	"	496	"
347	174	397	"	447	226	497	249
348	175	398	201	448	"	498	"
349	176	399	"	449	"	499	"
350	177	400	202	450	"	500	250

INDICE

Las página de los subtítulos se indican con números dentro de paréntesis. En los párrafos se anota simplemente su número.

ADVERTENCIA IMPORTANTE (8)

ARITMETICA BASICA

CAPITULO 1
NUMEROS ENTEROS

SISTEMA DECIMAL DE NUMERACION (11). – Número entero 2. – Cifra 3.

PRINCIPIO FUNDAMENTAL DE LA NUMERACION ESCRITA DEL SISTEMA DECIMAL DE NUMERACION (11). – Principio 4. – Valor absoluto de una cifra 5. – Valor relativo de una cifra 6. – Valor de un número entero 7. – Representación de los números por letras 8.

SISTEMA BINARIO DE NUMERACION (12)

PRINCIPIO FUNDAMENTAL DE LA NUMERACION ESCRITA DEL SISTEMA BINARIO (12). – Principio 10. – Valor absoluto de la cifra 1, 11. – Valor relativo de la cifra 1, 12. – Valor de un número binario 13.

AXIOMAS Y TEOREMAS (13). – Axioma 14. – Teorema 15.

SUMA O ADICION (14). – Sumando 17. – Suma 18. – Signo de la suma 19. – Igualdad fundamental de la suma 20. – Igualdad 21.

PROPIEDADES DE LA SUMA (15)

PRUEBA DE UNA OPERACION (16)

MULTIPLICACION (16). – Definición 28. – Multiplicando 29. – Multiplicador 30. – Producto 31. – Factores 32. – Signo de la multiplicación 33. – Convención 34. – Igualdad fundamental de la multiplicación 35. – Consecuencias 36. – Prueba de la multiplicación 38. – Múltiplo de un número 39.

SUBSTRACCION O RESTA (18). – Definición 40. – Minuendo 41. – Substraendo 42. – Resta 43. – Signo de la substracción 44. – Igualdad fundamental de la substracción 45.

PROPIEDADES DE LA SUBSTRACCION (19). – Prueba de la substracción 48.

DIVISION (21). – Definición 51. – Dividendo 52. – Divisor 53. – Cociente 54. – Prueba de la división 59. – División exacta 60.

CAPITULO 2
OPERACIONES COMBINADAS

Signos de agrupamiento 63.

PRODUCTO DE VARIOS FACTORES (28)

CAPITULO 3
TEOREMAS DE LAS CUATRO OPERACIONES

CONVERSION DE UNA SUMA EN UN PRODUCTO DE VARIOS FACTORES (42). – Sacar un factor común 87.

CONVERSION DE UNA SUBSTRACCION EN UN PRODUCTO DE DOS FACTORES (44).

CAPITULO 4
POTENCIAS DE LOS NUMEROS

Potencia de un número 89. – Grado de una potencia 90. – Exponente 91.

POTENCIAS DE 10, (46)

CAPITULO 5
IGUALDADES

PRELIMINARES (51). – Término de una expresión 101. – Términos opuestos de una expresión 102. – Subíndice 103. – Expresiones iguales 104.

DEFINICIONES (53). – Igualdad 107. – Signo de igualdad 108. – Primer miembro 109. – Segundo miembro 110.

PROPIEDADES DE LAS IGUALDADES (54)

OPERACIONES MIEMBRO A MIEMBRO DE VARIAS IGUALDADES (56)

TRASPOSICION DE LOS TERMINOS DE UNA IGUALDAD (57)

TRASPOSICION DE LOS FACTORES Y LOS DIVISORES DE LOS MIEMBROS DE UNA IGUALDAD (58)

DESPEJE DE UNA LITERAL EN UNA IGUALDAD (61)

CAPITULO 6
DIVISIBILIDAD

Divisor 130. – Cifra par 132. – Cifra impar 133. – Caracteres de divisibilidad 134.

TEOREMAS FUNDAMENTALES (65)

DIVISIBILIDAD POR 2 (67)

DIVISIBILIDAD POR 3 (67)

DIVISIBILIDAD POR 4 (68)

DIVISIBILIDAD POR 5 (68)

DIVISIBILIDAD POR 9 (69)

DIVISIBILIDAD POR 10^n (69)

CAPITULO 7
NUMEROS PRIMOS

Número primo 144. – Números primos menores que 100, 148.

DESCOMPOSICION DE UN NUMERO EN SUS FACTORES PRIMOS (72). – Definición 150.

PRACTICA DE LA OPERACION (73)

CAPITULO 8
MAXIMO COMUN DIVISOR DE VARIOS NUMEROS

Máximo común divisor 154. – Expresión convencional 155.

OPERACION ABREVIADA PARA DEDUCIR EL MAXIMO COMUN DIVISOR DE VARIOS NUMEROS (77)

CAPITULO 9
MINIMO COMUN MULTIPLO DE VARIOS NUMEROS

Mínimo común múltiplo 161. – Expresión convencional 162.

OPERACION ABREVIADA PARA DEDUCIR EL MINIMO COMUN MULTIPLO (80)

CAPITULO 10
FRACCIONES

Denominador 167. – Numerador 168. – Expresión convencional 169. – Fracción 170. – Término de una fracción 171.

PROPIEDADES DE LAS FRACCIONES (82). – Fracción propia 178. – Fracción impropia 179. – Fracción decimal 180. – Número mixto 181.

VALOR DE UNA EXPRESION EXPRESADO POR MEDIO DE UN COCIENTE (87).

SIMPLIFICACION DE FRACCIONES (88). – Definición 188. – Operación 189.

CONVERSION DE UN NUMERO ENTERO A FRACCION DE DENOMINADOR CONOCIDO (89). – Regla 190.

CONVERSION DE VARIAS FRACCIONES A UN COMUN DENOMINADOR (89). – Regla 191.

ESCRITURA CONVENCIONAL (91).

CONVERSION DE UNA FRACCION IMPROPIA A NUMERO MIXTO (92). – Regla 193.

SUMA DE FRACCIONES (93). – Regla 195.

RESTA DE FRACCIONES (95). – Regla 198.

MULTIPLICACION DE FRACCIONES (96).

DIVISION DE FRACCIONES (98).

POTENCIAS DE LAS FRACCIONES (100).

CAPITULO 11
NUMEROS DECIMALES

Punto decimal 213. – Número decimal 214.

PROPIEDADES DE LOS NUMEROS DECIMALES (103).

CONVERSION DE UN NUMERO DECIMAL A FRACCION DECIMAL (103). – Regla 218.

CONVERSION DE UNA FRACCION DECIMAL A NUMERO DECIMAL (104). – Regla 219.

SUMA DE NUMEROS DECIMALES (104).

RESTA DE NUMEROS DECIMALES (105).

MULTIPLICACION DE NUMEROS DECIMALES (105). – Regla 222.

DIVISION DE NUMEROS DECIMALES (106). – Regla 224.

APROXIMACION DECIMAL DE UN COCIENTE (108).

CONVERSION DE FRACCIONES PROPIAS A NUMEROS DECIMALES (109). – Valor exacto de un cociente 226 A.

CAPITULO 12
FRACCIONES PERIODICAS

Fracción periódica simple 228. – Fracción periódica compuesta 229. – Fracción generadora de una fracción periódica dada 230. – Regla 231.

TEOREMA IMPORTANTE DE APLICACION MULTIPLE (113).

CAPITULO 13
CANTIDADES

SUMA Y RESTA DE CANTIDADES (116).
MULTIPLICACION DE CANTIDADES (116).
DIVISION DE CANTIDADES (116).
CANTIDADES INTERDEPENDIENTES (117). – Definición 245.
CANTIDADES INTERDEPENDIENTES DIRECTAMENTE PROPORCIONALES (118). – Definición. – Razón por cociente 248. – Constante de proporcionalidad directa 249. – Expresión general 250.
IGUALDAD FUNDAMENTAL DE LAS CANTIDADES INTERDEPENDIENTES DIRECTAMENTE PROPORCIONALES (119).
CANTIDADES INTERDEPENDIENTES INVERSAMENTE PROPORCIONALES (121). – Definición 253. – Constante de proporcionalidad inversa 254.
IGUALDAD FUNDAMENTAL DE LAS CANTIDADES INTERDEPENDIENTES INVERSAMENTE PROPORCIONALES (122).

ALGEBRA ELEMENTAL
CAPITULO 14
PRELIMINARES

Cantidad 256.
CANTIDADES POSITIVAS Y CANTIDADES NEGATIVAS (125).
SIGNOS DE SENTIDO (126).
NUMEROS ALGEBRAICOS (126). – Definición 259.
VALOR ABSOLUTO DE UN NUMERO ALGEBRAICO (126). Definición 260.
NUMEROS ALGEBRAICOS OPUESTOS (127). – Definición 261.
REPRESENTACION GRAFICA DE LOS NUMEROS ALGEBRAICOS (127).
VALORES RELATIVOS DE LOS NUMEROS ALGEBRAICOS (127).

CAPITULO 15
OPERACIONES CON LOS NUMEROS ALGEBRAICOS

SUMA DE NUMEROS ALGEBRAICOS (130). – Propiedades de la suma 267.
SUMA DE NUMEROS ALGEBRAICOS (132). – Casos de la suma 275.
RESTA DE NUMEROS ALGEBRAICOS (133). – Casos de la resta 277. – Regla 281.

MULTIPLICACION DE NUMEROS ALGEBRAICOS (135).
DIVISION DE NUMEROS ALGEBRAICOS (136).
REGLA GENERAL DE LOS SIGNOS DE OPERACION Y DE SENTIDO DE LOS NUMEROS ALGEBRAICOS (137). – Regla 287.
OPERACIONES COMBINADAS DE NUMEROS ALGEBRAICOS (138).
PRODUCTO DE VARIOS NUMEROS ALGEBRAICOS (138).
POTENCIAS DE LOS NUMEROS ALGEBRAICOS (139).
DIVISION DE DOS POTENCIAS DE UN NUMERO ALGEBRAICO (139)

CAPITULO 16
EXPRESIONES ALGEBRAICAS

Expresión algebraica 295.
VALOR NUMERICO DE UNA EXPRESION ALGEBRAICA (142).
COEFICIENTE (143).
TERMINOS SEMEJANTES (143).
REDUCCION DE TERMINOS SEMEJANTES (144).
TERMINOS OPUESTOS (145).
MONOMIO (145).
BINOMIO (146).
TRINOMIO (146).
POLINOMIO (146).
SUMA ALGEBRAICA (146).
SIMPLIFICACION DE UNA EXPRESION ALGEBRAICA (147).
GRADO DE UN TERMINO (147). – Ordenar un polinomio 308. – Ordenar un polinomio con relación a una literal.

CAPITULO 17
OPERACIONES CON LAS EXPRESIONES ALGEBRAICAS

SUMA (149). – Regla 312.
RESTA (150). – Regla 314.
MULTIPLICACION (151). – Regla 316.
PRODUCTOS NOTABLES (153). – Cuadrado de la suma de dos números 317. – Cubo de la suma de dos números 318. – Cuadrado de la diferencia de dos números 319. – Cubo de la diferencia de dos números 320. – Suma de dos números por su diferencia 321. – Dos sumas de dos números con un sumando igual y el otro diferente 322.

– Dos diferencias con minuendos iguales y substraendos diferentes 322 A.

DIVISION (155). – Un monomio entre otro monomio. – Un polinomio entre un monomio. – Regla 325. – Un polinomio entre otro polinomio. – Regla 326.

CAPITULO 18
EXPONENTES NEGATIVOS

Producto de dos potencias de un mismo número algebraico. – Cociente de dos potencias de un mismo número algebraico. – Elevación de la potencia de un número algebraico a otra potencia. Página 163.

CAPITULO 19
CONVERSION DE UN POLINOMIO EN UN PRODUCTO DE DOS O MAS FACTORES

Un polinomio: en un producto de dos factores; en un producto de factores por medio de los productos notables; en un producto de factores por medio de transformaciones algebraicas. Página 165; en un producto de dos factores por medio del máximo común divisor de sus términos. Página 165.

CAPITULO 20
FRACCIONES ALGEBRAICAS

SIMPLIFICACION DE FRACCIONES ALGEBRAICAS (169).

CONVERSION DE UNA EXPRESION ALGEBRAICA A FRACCION ALGEBRAICA DE DENOMINADOR CONOCIDO (170).

CONVERSION DE VARIAS FRACCIONES ALGEBRAICAS A UN MINIMO COMUN DENOMINADOR (171).

OPERACIONES CON LAS FRACCIONES ALGEBRAICAS (172).

SUMA Y RESTA DE FRACCIONES ALGEBRAICAS (173).

MULTIPLICACION DE FRACCIONES ALGEBRAICAS (174).

DIVISION DE FRACCIONES ALGEBRAICAS (175).

POTENCIAS DE LAS FRACCIONES ALGEBRAICAS (176).

CAPITULO 21
ECUACIONES DE PRIMER GRADO

NUMERO DE INCOGNITAS DE UNA ECUACION (177).

PROPIEDADES DE LAS ECUACIONES (177).

GRADO DE UNA ECUACION (179).
INTERPRETACION MATEMATICA DE UN PROBLEMA (179).
RESOLUCION DE ECUACIONES DE PRIMER GRADO CON UNA INCOGNITA (180).
SIMPLIFICACIONES ESPECIALES (184).
ECUACION GENERAL DE PRIMER GRADO CON UNA INCOGNITA (184).
DISCUSION DE LA ECUACION GENERAL DE PRIMER GRADO CON UNA INCOGNITA (185).

CAPITULO 22
ECUACIONES DE PRIMER GRADO CON DOS INCOGNITAS

ECUACION COMPLETA DE PRIMER GRADO CON DOS INCOGNITAS (186). – Definición 363.
RESOLUCION DE UNA ECUACION DE PRIMER GRADO CON DOS INCOGNITAS (186).
INCOGNITAS VARIABLES (188).
VARIABLE INDEPENDIENTE (188).
VARIABLE DEPENDIENTE (188).
ECUACION GENERAL DE PRIMER GRADO CON DOS INCOGNITAS (188).

CAPITULO 23
ECUACIONES SIMULTANEAS

ECUACIONES EQUIVALENTES (190).
ECUACIONES SIMULTANEAS (190).
RESOLUCION DE UN SISTEMA DE DOS ECUACIONES DE PRIMER GRADO CON DOS INCOGNITAS (191). – Procedimiento 372. – Por substitución 374. – Por igualación 375. – Por suma o resta 376.
SISTEMA GENERAL DE DOS ECUACIONES DE PRIMER GRADO CON DOS INCOGNITAS (194).

CAPITULO 24
RADICALES

Definición 381.
EXPRESION GENERAL DE LA RAIZ DE UN NUMERO (196).
SUBRADICAL (196).
INDICE DE UN RADICAL (196).
RAIZ EXACTA DE UN NUMERO (197).
RAIZ APROXIMADA DE UN NUMERO (197).

PROPIEDADES FUNDAMENTALES DE LOS RADICALES (197).
SIGNO DE UN RADICAL (199).
COEFICIENTE DE UN RADICAL (199).
RADICALES SEMEJANTES (199).
RADICALES OPUESTOS (200).
TEOREMAS SOBRE LOS RADICALES (200).
TRANSFORMACIONES DE LOS RADICALES (203). – Introducir el coeficiente de un radical al subradical 403. – Regla 404. – Sacar un factor de un radical que es un producto de varios factores 405. – Regla 406. – Reducir el índice de un radical 407. – Regla 408. – Conversión de varios radicales a un índice común 409. – Regla 410.
OPERACIONES CON LOS RADICALES (206). – Suma y resta 411. – Multiplicación 412.
SIGNO DE UNA RAIZ (208). – Aplicaciones 414, 415, 416, 417.
EXPONENTES FRACCIONARIOS (210).

CAPITULO 25
ECUACIONES DE SEGUNDO GRADO CON UNA INCOGNITA

Definiciones 420.
RESOLUCION DE LA ECUACION GENERAL DE SEGUNDO GRADO CON UNA INCOGNITA (213).
APLICACIONES DE LA FORMULA (214).
ECUACIONES INCOMPLETAS DE SEGUNDO GRADO CON UNA INCOGNITA (216). – Definiciones y resolución 423.
PROPIEDADES DE LAS RAICES DE LA ECUACION GENERAL DE SEGUNDO GRADO CON UNA INCOGNITA (217).
SUMA DE LAS RAICES (217).
PRODUCTO DE LAS RAICES (217).
APLICACIONES (217).
DISCUSION DE LA ECUACION GENERAL DE SEGUNDO GRADO CON UNA INCOGNITA (218).
ECUACIONES DE SEGUNDO GRADO CON DOS INCOGNITAS (219).
ECUACION GENERAL DE SEGUNDO GRADO CON DOS INCOGNITAS (219). – Términos de segundo grado, términos de primer grado, términos independientes 428.

CAPITULO 26
LOGARITMOS

Definición 431. – Expresión convencional 432. – Antilogaritmo de un logaritmo 433. – Cologaritmo de un número 434.

TEOREMAS GENERALES PARA EL CALCULO POR MEDIO DE LOS LOGARITMOS (222). – Productos 435. – Regla 436. – Cocientes 437. – Regla 438. – Potencias 439. – Regla 440. – Radicales 441. – Regla 442.

CAPITULO 27
LOGARITMOS DECIMALES

SISTEMA DE LOGARITMOS DECIMALES (225). – Expresión convencional 445.

VALOR NUMERICO DE LOS LOGARITMOS DECIMALES (226). – Mantisa 451. – Característica 452.

CONVERSIONES DE LOS LOGARITMOS DECIMALES NEGATIVOS (227).

VALORES DE LAS CARACTERISTICAS DE LOS LOGARITMOS DECIMALES (228). – Regla 456.

PROPIEDAD FUNDAMENTAL DE LAS MANTISAS (229).

TABLAS DE LOGARITMOS DECIMALES (230).

DETERMINACION DEL LOGARITMO DECIMAL DE UN NUMERO (231).

DETERMINACION DEL ANTILOGARITMO DE UN LOGARITMO (232).

OPERACIONES CON LOS LOGARITMOS (234). – Suma y resta 466. – Multiplicación y división 467.

OPERACIONES QUE SE EJECUTAN POR MEDIO DE LOS LOGARITMOS (235).

CAPITULO 28
LOGARITMOS NEPERIANOS

Definición 469. – Expresión convencional 470. – Antilogaritmo de un logaritmo neperiano 471.

VALOR NUMERICO DE LOS LOGARITMOS NEPERIANOS (237).

TEOREMA FUNDAMENTAL DE LOS LOGARITMOS NEPERIANOS (237).

RELACION POR COCIENTE ENTRE LOS LOGARITMOS DECIMALES Y LOS LOGARITMOS NEPERIANOS (238).

TABLAS DE LOGARITMOS NEPERIANOS (239).
LOGARITMOS NEPERIANOS DE LOS NUMEROS (240).
ANTILOGARITMOS DE LOS LOGARITMOS NEPERIANOS (241).
OPERACIONES CON LOS LOGARITMOS NEPERIANOS (242).
OPERACIONES QUE SE EJECUTAN POR MEDIO DE LOS LOGARITMOS NEPE-RIANOS (243).

CAPITULO 29
APLICACIONES ESPECIALES DE LOS LOGARITMOS

RESOLUCION DE ECUACIONES EXPONENCIALES (244).
TRANSFORMACION DE ECUACIONES LOGARITMICAS (245).
LA REGLA DE CALCULO (246).
LA CALCULADORA CIENTIFICA DE BOLSILLO (246).

CAPITULO 30
PROGRESIONES

PROGRESIONES ARITMETICAS (248). – EXPRESION CONVENCIONAL (248). – Término 495. – Progresión aritmética creciente 496. – Progresión aritmética decreciente 497. – Designación de los elementos de una progresión aritmética 498.
FORMULA FUNDAMENTAL DE LAS PROGRESIONES ARITMETICAS (250). – SUMA DE LOS TERMINOS DE UNA PROGRESION ARITMETICA (250).
PROGRESIONES GEOMETRICAS (251). – Expresión convencional 503. – Término 504. – Designación de los elementos de una progresión geométrica 505.
FORMULA FUNDAMENTAL DE LAS PROGRESIONES GEOMETRICAS (253).
SUMA DE LOS TERMINOS DE UNA PROGRESION GEOMETRICA (253).
NUMEROS DE LOS PARRAFOS, DEFINICIONES, TEOREMAS, REGLAS, etc., Y PAGINAS EN DONDE SE ENCUENTRAN (256), (257), (258) Y (259).

www.ingramcontent.com/pod-product-compliance
Lightning Source LLC
Chambersburg PA
CBHW031829170526
45157CB00001B/243

* 9 7 8 1 4 6 3 3 7 8 4 7 9 *